小学館学習まんがシリーズ

名探偵コナン　実験・観察ファイル

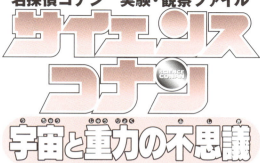

サイエンスコナン

SCIENCE CONAN

宇宙《うちゅう》と重力《じゅうりょく》の不思議《ふしぎ》

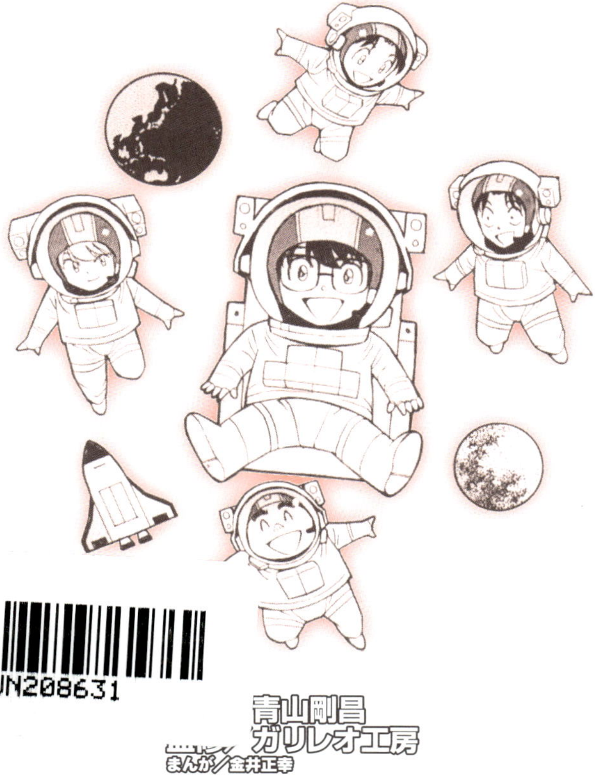

青山剛昌
監修／ガリレオ工房
まんが／金井正幸

みなさんへ——この本《ほん》のねらい

コナンとともに科学《かがく》を楽《たの》しもう！

みなさん、こんにちは。これから、名探偵《めいたんてい》コナンと一《いっ》緒《しょ》に科学《かがく》を楽《たの》しんでいきましょう。

今回《こんかい》は、宇宙旅行《うちゅうりょこう》をしている宇宙船《うちゅうせん》ＷＩＳＨ《ウィッシュ》の中《なか》で起《お》きた事件《じけん》を地上《ちじょう》にいるコナンが科学《かがく》で解決《かいけつ》します。もちろん、おなじみ少年探偵団《しょうねんたんていだん》のメンバーも大活躍《だいかつやく》しますよ。

宇宙《うちゅう》へは、すでに日本人宇宙飛行士《にっぽんじんうちゅうひこうし》が数人《すうにん》行《い》き、本格《ほんかく》的《てき》な科学研究目的《かがくけんきゅうもくてき》の実験《じっけん》だけでなく、地上《ちじょう》にいる小中学《しょうちゅうがく》生《せい》のための宇宙実《うちゅうじっ》験《けん》も行《おこな》っています。この本《ほん》では宇宙実《うちゅうじっ》験《けん》の提案《ていあん》ともいえる新《あたら》しい実験《じっけん》や、地上《ちじょう》でできる無重力《むじゅうりょく》（量《りょう》）体験《たいけん》を始《はじ》め、たくさんの実験《じっけん》も紹介《しょうかい》しています。し

かも、家庭《かてい》でできる実験《じっけん》がほとんどです。家族《かぞく》やお友《とも》だちと実験《じっけん》に挑戦《ちょうせん》しましょう！

人類《じんるい》が最初《さいしょ》に人工衛星《じんこうえいせい》を打《う》ち上《あ》げたのは、約《やく》50年前《ねんまえ》の１９５７年《ねん》のこと。旧《きゅう》ソ連《れん》のスプートニク1号《ごう》でした。そして、１９６１年《ねん》に人類《じんるい》は初《はじ》めての宇宙《うちゅう》へ行《い》き、１９６９年《ねん》に初《はじ》めて人《ひと》が月面《げつめん》に立《た》ったのです。

その後《ご》、次《つぎ》つぎに工夫《くふう》された人工衛星《じんこうえいせい》の技術《ぎじゅつ》によって、私《わたし》たちはテレビで世界中《せかいじゅう》の情報《じょうほう》を一瞬《いっしゅん》のうちに見《み》ることができるようになりました。また、人工衛星《じんこうえいせい》を使《つか》った位置《いち》確認《かくにん》システム（ＧＰＳ《ジーピーエス》）は、車《くるま》だけでなく携帯電話《けいたいでんわ》にも搭《とう》載《さい》されるようになり、宇宙食《うちゅうしょく》の技術《ぎじゅつ》も生活《せいかつ》の中《なか》に入《はい》り込《こ》んできています。この短《みじか》い期間《きかん》に、科学《かがく》は私《わたし》たちの生活《せいかつ》や考《かんが》え方《かた》をどんどん変《か》えてきているのです。

宇宙《うちゅう》や重力《じゅうりょく》などを始《はじ》め、新《あたら》しい時代《じだい》に必要《ひつよう》な科学的知識《かがくてきちしき》と考《かんが》え方《かた》を、コナンと一緒《いっしょ》にみつけましょう。

サイエンスコナン もくじ 宇宙《うちゅう》と重力《じゅうりょく》の不思議《ふしぎ》

FILE. 6

宇宙船《うちゅうせん》WISH《ウィッシュ》で公開実験《こうかいじっけん》!! 94

ついに宇宙船《うちゅうせん》WISH《ウィシュ》が宇宙《うちゅう》へ旅立《たびだ》った！　宇宙《うちゅう》から中継《ちゅうけい》されるテレビ番組《ばんぐみ》では、元太《げんた》たちが考《かんが》えた「無重力《むじゅうりょく》の不思議《ふしぎ》についての実験《じっけん》」が紹介《しょうかい》されるよ。いったいどんな実験《じっけん》なんだろう？

コナンと実験《じっけん》！　月《つき》と地球《ちきゅう》の関係《かんけい》を考《かんが》えてみよう！ 110

キミも実験《じっけん》！　国際宇宙《こくさいうちゅう》ステーションを見《み》つけよう！ 112

FILE. 7

WISH《ウィッシュ》に異常事態発生《いじょうじたいはっせい》!! 114

テレビ中継《ちゅうけい》を終《お》えて、ほっとひと息《いき》ついていたWISH《ウィシュ》の搭乗員《とうじょういん》たち。しかし、その船内《せんない》に、異常事態《いじょうじたい》を知《し》らせるブザーが鳴《な》りひびく!!　宇宙《うちゅう》船《せん》の中《なか》で、新《あら》たなる事件《じけん》の発生《はっせい》!?

キミも実験《じっけん》！　空気《くうき》にも質量《しつりょう》がある！ 126

キミも実験《じっけん》！　真空調理器《しんくうちょうりき》で気圧《きあつ》の変化《へんか》を観察《かんさつ》 128

FILE. 8

事件《じけん》にはウラがある…真犯人《しんはんにん》は!? 130

何者《なにもの》かの手《て》によって、宇宙船《うちゅうせん》WISH《ウィシュ》が軌道《きどう》からはずれてしまった！　しかも、WISH《ウィシュ》はなぜか操縦不可能《そうじゅうふかのう》な状態《じょうたい》になっていた……。史上初《しじょうはつ》、宇宙《うちゅう》と地球《ちきゅう》を結《むす》ぶ衛星回線《えいせいかいせん》を使《つか》ったコナンの推理《すいり》ショーが始《はじ》まる!!

キミも実験《じっけん》！　ペットボトルロケット 148

キミも実験《じっけん》！　ペットボトルトラック 150

Detective CONAN

FILE《ファイル》 1

常識《じょうしき》が通《つう》じない！ 宇宙空間《うちゅうくうかん》の不思議《ふしぎ》

宇宙《うちゅう》フェスティバルの会場《かいじょう》へやって来《き》たコナンたちと一緒《いっしょ》に、物《もの》の重《おも》さがなくなってしまう宇宙空間《うちゅうくうかん》の不思議《ふしぎ》について考《かんが》えてみよう！

F1-1

コナンくん、早《はや》く早《はや》く！
そんなに急《いそ》がなくたって宇宙《うちゅう》フェスティバルは逃《に》げないよ。
それにしてもすごい人《ひと》だなー。
ヒューンッ

お父《とう》さんにも来《き》てもらって正解《せいかい》だったわ。
こんな人《ひと》ゴミじゃ、あたし一人《ひとり》だったら子《こ》どもたちが迷子《まいご》になってたかも。
毛利《もうり》　蘭《らん》
新一《しんいち》(コナン)とは幼《おさな》なじみの帝丹高校《ていたんこうこう》の２年生《ねんせい》。父《ちち》は私立探偵《しりつたんてい》の毛利小五郎《もうりこごろう》。コナンが新一《しんいち》だってことは、知《し》らない。
たまにゃーしょーがねーさ。
毛利小五郎《もうりこごろう》
毛利蘭《もうりらん》の父親《ちちおや》で探偵《たんてい》。コナンのおかげで、名探偵《めいたんてい》“眠《ねむ》りの小五郎《こごろう》”として有名《ゆうめい》になった。
このフェスティバルを開催《かいさい》してるスペースツアーズ社《しゃ》って今度《こんど》、宇宙観光旅行《うちゅうかんこうりょこう》を始《はじ》めるんだってな。
江戸川《えどがわ》コナン
高校生名探偵《こうこうせいめいたんてい》・工藤新一《くどうしんいち》が、ナゾの薬《くすり》によってこの体《からだ》に……。でも頭脳《ずのう》は新一《しんいち》のままなんだ！
宇宙船《うちゅうせん》に乗《の》れるのは、どーせお金持《かねも》ちだけでしょ。
私《わたし》たちにはカンケーない話《はなし》ね。
灰原《はいばら》　哀《あい》
黒《くろ》の組織《そしき》の仲間《なかま》だったが、裏切《うらぎ》って、コナンと同《おな》じナゾの薬《くすり》で小学生《しょうがくせい》に……。今《いま》は阿笠博士《あがさはかせ》の家《いえ》に住《す》んでいる。
そんな夢《ゆめ》のないこと言《い》ってないで、早《はや》く会場《かいじょう》に行《い》こうよ。
そーですよ。
吉田歩美《よしだあゆみ》
帝丹小学校《ていたんしょうがっこう》に通《かよ》う、コナンの同級生《どうきゅうせい》。実《じつ》はコナンのことが好《す》き。
円谷光彦《つぶらやみつひこ》
帝丹小学校《ていたんしょうがっこう》のクールな１年生《ねんせい》。いろいろなことをよく知《し》っている。
おっ！
あのうず巻《ま》きみたいなのは何《なん》だ!?
小嶋元太《こじまげんた》
帝丹小学校《ていたんしょうがっこう》の１年生《ねんせい》。コナン、歩美《あゆみ》、光彦《みつひこ》と少年探偵団《しょうねんたんていだん》を結成《けっせい》。

F1-3

F1-4

太陽系《たいようけい》って何《なに》?

→太陽系《たいようけい》には8個《こ》の惑星《わくせい》がある。太陽《たいよう》から近《ちか》い順《じゅん》に、水星《すいせい》、金星《きんせい》、地球《ちきゅう》、火星《かせい》、木星《もくせい》、土星《どせい》、天王星《てんのうせい》、海王星《かいおうせい》という名前《なまえ》が付《つ》けられているよ。そして、この8個《こ》のうち、水星《すいせい》と金星《きんせい》だけが衛星《えいせい》を持《も》っていない。ほかの惑星《わくせい》は衛星《えいせい》を持《も》っているよ。地球《ちきゅう》の衛星《えいせい》は、もちろん月《つき》、だよね。

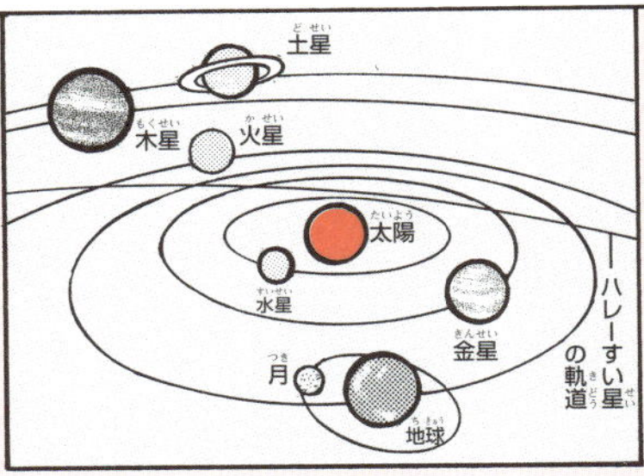

地球《ちきゅう》は、太陽《たいよう》の周《まわ》りを回《まわ》っているんです。

太陽《たいよう》の周《まわ》りには8個《こ》の惑星《わくせい》、小惑星《しょうわくせい》、惑星《わくせい》の周《まわ》りを回《まわ》る衛星《えいせい》、そしてすい星《せい》など、さまざまな天体《てんたい》がある。これらをまとめて「太陽系《たいようけい》」というんだよ。月《つき》が約《やく》28日《にち》かけて地球《ちきゅう》を一周《いっしゅう》するように、地球《ちきゅう》は太陽《たいよう》の周《まわ》りを一《いち》年《ねん》かけて一周《いっしゅう》しているよ。

およそ365・24日《にち》かけて太陽《たいよう》を一周《いっしゅう》するのよ。

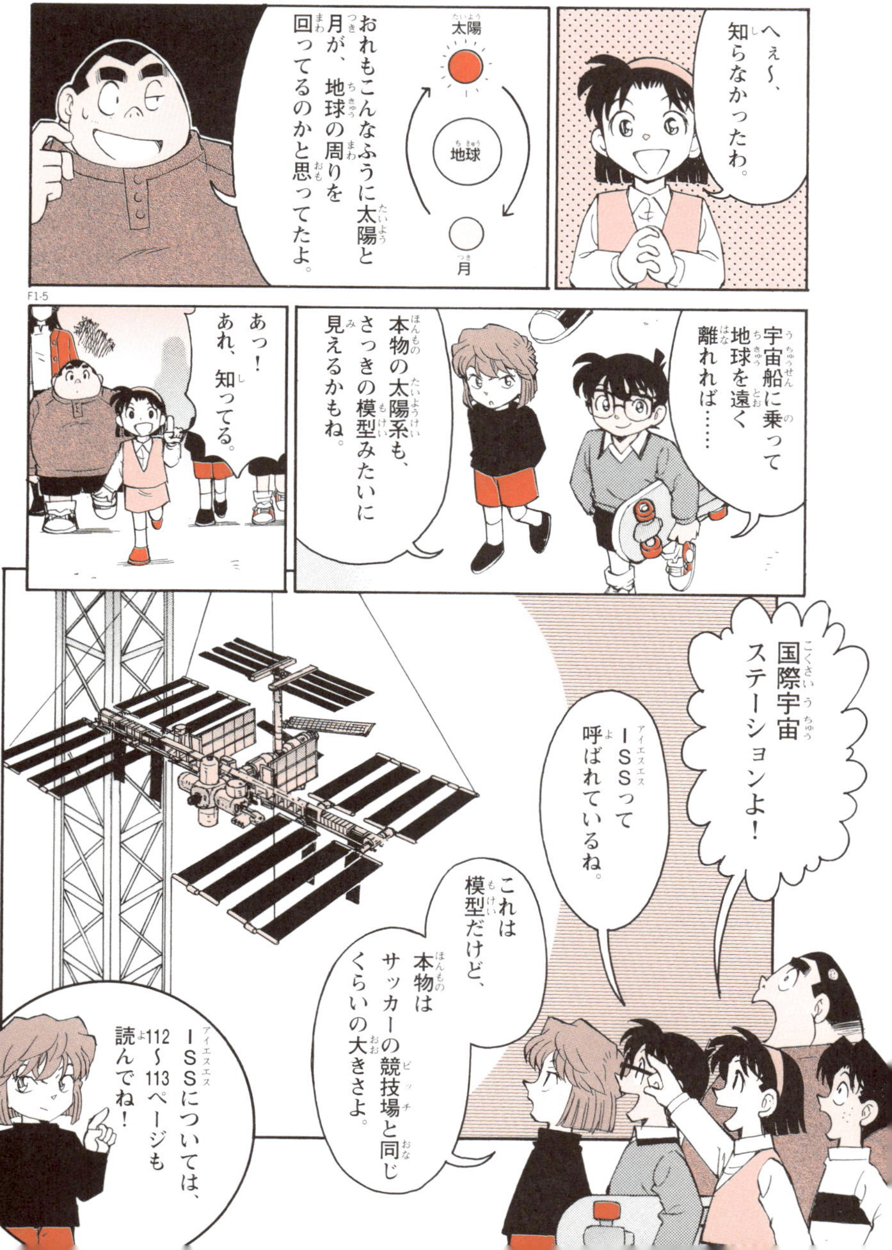

へぇ～、知《し》らなかったわ。
太陽《たいよう》
地球《ちきゅう》
月《つき》
おれもこんなふうに太陽《たいよう》と月《つき》が、地球《ちきゅう》の周《まわ》りを回《まわ》ってるのかと思《おも》ってたよ。
宇宙船《うちゅうせん》に乗《の》って地球《ちきゅう》を遠《とお》く離《はな》れれば……
本物《ほんもの》の太陽系《たいようけい》も、さっきの模型《もけい》みたいに見《み》えるかもね。
あっ！あれ、知《し》ってる。
国際宇宙《こくさいうちゅう》ステーションよ！
ＩＳＳ《アイエスエス》って呼《よ》ばれているね。
これは模型《もけい》だけど、本物《ほんもの》はサッカーの競技場《ピッチ》と同《おな》じくらいの大《おお》きさよ。
ＩＳＳ《アイエスエス》については、112～113ページも読《よ》んでね！

F1-5

おおっ！
あっちには宇宙船《うちゅうせん》の実物大模型《じつぶつだいもけい》があるぞ！
おまえら、早《はや》く来《こ》ないとおいてくぞ。
ダダッ
まるでガキだね
これと同《おな》じものが来月《らいげつ》、宇宙《うちゅう》へ飛《と》んでくんだぞ。
すっげー！
3人《にん》の旅行客《りょこうきゃく》もこれに乗《の》って行《い》くんですねー。
操縦《そうじゅう》はだれがするの？
スペースツアーズ社《しゃ》がJAXA《ジャクサ》から招《まね》いた、ベテラン飛行士《ひこうし》の若井《わかい》さんと向山《むかいやま》さんよ。

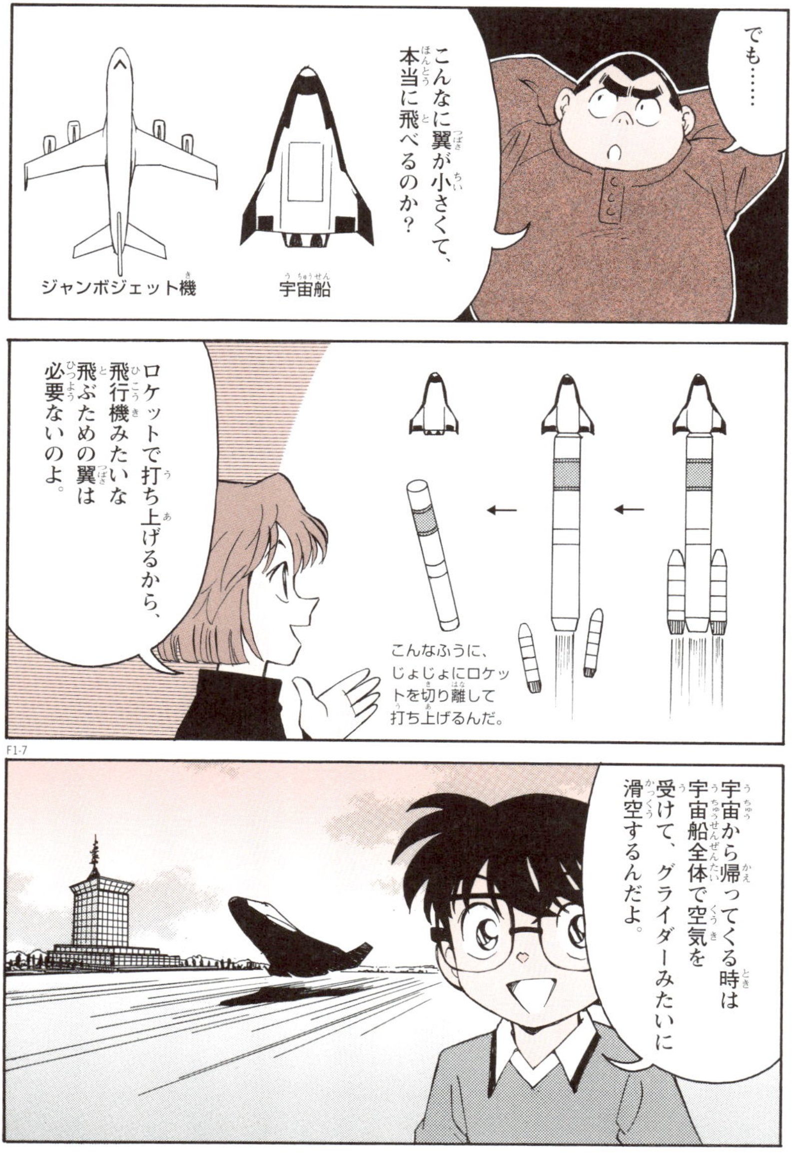
でも……
こんなに翼《つばさ》が小《ちい》さくて、本当《ほんとう》に飛《と》べるのか?
宇宙船《うちゅうせん》
ジャンボジェット機《き》
ロケットで打《う》ち上《あ》げるから、飛行機《ひこうき》みたいな飛《と》ぶための翼《つばさ》は必要《ひつよう》ないのよ。
こんなふうに、じょじょにロケットを切《き》り離《はな》して打《う》ち上《あ》げるんだ。
宇宙《うちゅう》から帰《かえ》ってくる時《とき》は宇宙船全体《うちゅうせんぜんたい》で空気《くうき》を受《う》けて、グライダーみたいに滑空《かっくう》するんだよ。

F1-7

こんなのに乗《の》って月《つき》まで行《い》けたら面白《おもしろ》いだろうなぁ……。
おっちゃん、地球《ちきゅう》と月《つき》は約《やく》38万《まん》km《キロメートル》も離《はな》れてるんだよ。
ISS《アイエスエス》
350km《キロメートル》
宇宙船《うちゅうせん》
この宇宙船《うちゅうせん》やさっきのISS《アイエスエス》が飛《と》ぶ高《たか》さは約《やく》350km《キロメートル》の上空《じょうくう》だから……。
気軽《きがる》に月《つき》まで行《い》けるようになるのは、まだ先《さき》のことになりそうですね。
100km《キロメートル》
高度《こうど》100km《キロメートル》より上《うえ》の空《そら》が、宇宙《うちゅう》とされているよ。
10km《キロメートル》
ジャンボジェット機《き》が飛《と》ぶ高度《こうど》は約《やく》10km《キロメートル》。
富士山《ふじさん》の高《たか》さは約《やく》3.7km《キロメートル》。
地球《ちきゅう》
ピンポンパンポーン
ただいまより ステージにて 宇宙飛行士による 講演会が 行われます…
ねえみんな、野外《やがい》ステージへ行《い》こうよ。
賛成!!
宇宙飛行士《うちゅうひこうし》の若井《わかい》さんたちが、きっと面白《おもしろ》い話《はなし》を聞《き》かせてくれるよ。

みなさん、本日《ほんじつ》はスペースツアーズ社《しゃ》のイベントへようこそ。
わいわい
がやがや
それではわが社《しゃ》が誇《ほこ》る
2人《ふたり》の宇宙飛行士《うちゅうひこうし》を紹介《しょうかい》します！
綾小路宗雄《あやのこうじむねお》
スペースツアーズ社《しゃ》の社長《しゃちょう》。
こんにちは、向山《むかいやま》です。
若井《わかい》です。今日《きょう》はみなさんに無重力空間《むじゅうりょくくうかん》の不思議《ふしぎ》についてお話《はなし》します。
若井《わかい》 学《まなぶ》
向山理科子《むかいやまりかこ》
2人《ふたり》ともNASA《ナサ》のミッション・スペシャリスト(MS)資格《しかく》を持《も》つ、元《もと》JAXA《ジャクサ》の宇宙飛行士《うちゅうひこうし》。
若井《わかい》さんて、NASA《ナサ》時代《じだい》はISS《アイエスエス》にも行《い》ってたベテランだよな。
あら、向山《むかいやま》さんも負《ま》けてないわよ。
英語《えいご》のほかにもロシア語《ご》とか、5か国語《こくご》がペラペラなんですって。

F1-9

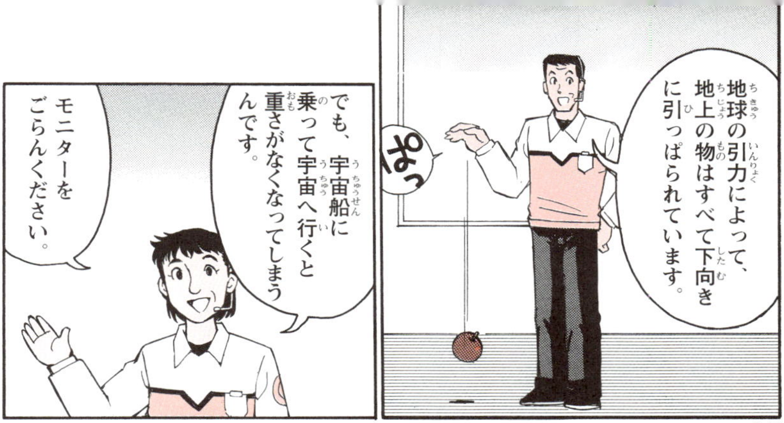
地球《ちきゅう》の引力《いんりょく》によって、地上《ちじょう》の物《もの》はすべて下向《したむ》きに引《ひ》っぱられています。
ぱっ
でも、宇宙船《うちゅうせん》に乗《の》って宇宙《うちゅう》へ行《い》くと重《おも》さがなくなってしまうんです。
モニターをごらんください。

F1-10

若井《わかい》さん、向山《むかいやま》さんの
無重力体験《むじゅうりょくたいけん》
体《からだ》や物《もの》が浮《う》き上《あ》がる！
地球上《ちきゅうじょう》のように血液《けつえき》が下半身《かはんしん》に集《あつ》まらないから、顔《かお》がむくみやすくなっちゃうの。
水《みず》も水玉《みずたま》になって、空間《くうかん》にぷかぷか浮《う》いてしまう！
だから、飲《の》み物《もの》はパックからしぼり出《だ》すようにして、ストローで飲《の》むの。
そうじ機《き》のように吸《す》い込《こ》むトイレ
はいせつ物《ぶつ》が浮《う》いてこないように吸《す》いこむんだ。
シャンプーは水《みず》を使《つか》わず、かわいたタオルでふき取《と》るだけ！
水《みず》を使《つか》わない特《とく》しゅなシャンプーを使《つか》うんだよ。

宇宙船《うちゅうせん》WISH《ウィッシュ》はみのりヶ島《しま》のスペースセンターから打《う》ち上《あ》げられ——。
350km《キロメートル》
地球《ちきゅう》
高度《こうど》350km《キロメートル》の軌道上《きどうじょう》に達《たっ》したら、そこで2日《か》間《かん》滞在《たいざい》します。
それではここで来月《らいげつ》、宇宙旅行《うちゅうりょこう》に参加《さんか》する3人《にん》の方《かた》をご紹介《しょうかい》しましょう。
F1-11
プロゴルファーの丸川《まるかわ》です。
どーも、金沢《かなざわ》です。
丸川球夫《まるかわたまお》
世界《せかい》ツアーで賞金《しょうきん》をかせぐプロゴルファー。
金沢富有《かなざわとみあり》
カナザワ・ソフトウェアの創業者《そうぎょうしゃ》。現《げん》・会長《かいちょう》。

宇宙旅行《うちゅうりょこう》は子《こ》どものころからの夢《ゆめ》だったんですよ。
いやホント。人生《じんせい》、これで思《おも》い残《のこ》すことはありませんよ。
あのおじさんたち、だれ？
金沢《かなざわ》さんは、テレビゲームを作《つく》ってる会社《かいしゃ》の会長《かいちょう》さんですよ。
仮面ヤイバー RPG
丸川《まるかわ》の方《ほう》は、賞金《しょうきん》かせぎって呼《よ》ばれた日本一《にっぽんいち》のゴルファーなんだ。
もっとも最近《さいきん》はぜんぜんダメで、引退《いんたい》のうわさも出《で》てるけどな。
へぇ〜。そうなんだ。
そしてもう一人《ひとり》……。
今回《こんかい》のフライトは東都《とうと》テレビで宇宙《うちゅう》から中継《ちゅうけい》されることになっています。
その番組《ばんぐみ》のレポーター……小泉《こいずみ》純《じゅん》さんです！

F1-12

みなさん、こんにちは!
宇宙《うちゅう》からレポートをお届《とど》けする小泉《こいずみ》 純《じゅん》です。
小泉《こいずみ》 純《じゅん》
コンピュータにくわしく、スポーツも万能《ばんのう》の女性《じょせい》タレント。
きれいな人《ひと》ですね〜。
でもおれ、テレビで観《み》たことないぞ。
小泉《こいずみ》 純《じゅん》か……。たしか5年《ねん》くらい前《まえ》までは国民的《こくみんてき》アイドルって言《い》われてたな……。
へえ〜。
元祖《がんそ》ネットアイドルってことで、自分《じぶん》で作《つく》ったホームページも持《も》ってたよな。
J
CLUB
運動神経《うんどうしんけい》もバツグンで、一時《いちじ》はすごい人気《にんき》だったわね。
でも、ここ何年《なんねん》かは人気《にんき》も落《お》ちて、テレビに出《で》てなかったし——
歩美《あゆみ》ちゃんたちが知《し》らなくても当然《とうぜん》よ。
じゃあなんでコナンと灰原《はいばら》はくわしいんだ?
え? そ……それは……。
そう!新一兄《しんいちにい》ちゃんに教《おし》えてもらったんだ。
……私《わたし》は阿笠博士《あがさはかせ》よ……。

F1-13

それから、今日《きょう》、会場《かいじょう》に来《き》てくれた小学生《しょうがくせい》のみなさんにお知《し》らせがあります。
番組《ばんぐみ》の中《なか》では、無重力《むじゅうりょく》の不思議《ふしぎ》について考《かんが》える公開実験《こうかいじっけん》も行《おこな》います。楽《たの》しみにしててくださいね！
わぁ！楽《たの》しそう!! 絶対《ぜったい》、テレビで観《み》ようね。
おう！
コナンくんたちも一緒《いっしょ》にですよ！
……はいはい。
おっちゃん、おせーなー。
ブーブー
いつまで待《ま》たせるんだよ〜。
わりーわりー。
朝《あさ》から腹《はら》の具合《ぐあい》が悪《わる》くてな……。
も〜、お父《とう》さんったら。
……会場《かいじょう》に残《のこ》ってるのは私《わたし》たちだけみたいね……。

F1-14

さっ、早《はや》く帰《かえ》りましょ。
あの人《ひと》たちも帰《かえ》るところみたいね。
……ちょっと待《ま》てったら！
一緒《いっしょ》に宇宙《うちゅう》へ行《い》く仲《なか》じゃねぇか。メシくらい付《つ》き合《あ》えよ。
……。
いそがしいので失礼《しつれい》します。
スタスタ
おいっ。
まーまー、丸川《まるかわ》さん。
F1-15
……なんかもめてるみたいね……。
ああ。
ううっ、いかんっまた腹《はら》が～。
ぐるるるる
ええっ!?またぁ？
……。
しょーがねーなーもう。早《はや》くしてくれよな。

しばらくしてー。
おせ〜な〜。
もう先《さき》に帰《かえ》っちゃいましょうよ。
そうしよう、そうしよう。
イラ
イラ
イラ
イラ
ビーッ
ビーッ
なんだっ!?
ビー
ビー
ビー
いたぞ、逃《に》がすな!
ビー
ビー
ビー
ビー
事件《じけん》だ! 行《い》くぞ!!
おう!
お待《ま》たせ。
あれ? ガキどもは?
F1-16

キミも実験《じっけん》!

そうめんをゆでて「対流《たいりゅう》」を観察《かんさつ》しよう!

地球《ちきゅう》の重力《じゅうりょく》によって起《お》こる現象《げんしょう》のひとつ「対流《たいりゅう》」を観察《かんさつ》しよう!

用意《ようい》するもの

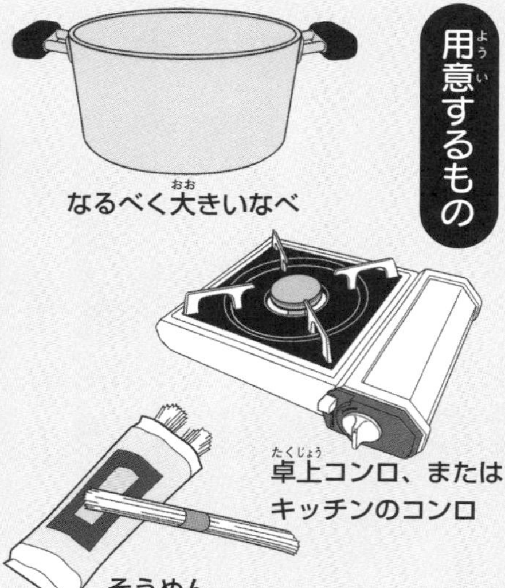

なるべく大《おお》きいなべ

卓上《たくじょう》コンロ、または
キッチンのコンロ

そうめん

火事《かじ》とヤケドに注意《ちゅうい》! おとなの人《ひと》と一緒《いっしょ》にやろう。

① なべでお湯《ゆ》をわかそう

なるべく大《おお》きいなべに水《みず》を入《い》れ、コンロの火《ひ》にかけてお湯《ゆ》をわかそう。耐熱《たいねつ》ガラス製《せい》のなべも、対流《たいりゅう》を観察《かんさつ》するのに適《てき》しているよ。ヤケドに注意《ちゅうい》してね。

② お湯《ゆ》がわいたらそうめんを入《い》れる

お湯《ゆ》がふっとうしてきたら、なべの中《なか》にそうめんを入《い》れよう。あまり入《い》れ過《す》ぎると、そうめんが動《うご》かないので、量《りょう》は少《すく》なめに!

③ そうめんが動《うご》く様子《ようす》を観察《かんさつ》しよう

ふっとうしたお湯《ゆ》の対《たい》流《りゅう》に従《したが》って動《うご》く、そうめんの様子《ようす》を観察《かんさつ》しよう。そうめんは、なべの中心《ちゅうしん》からお湯《ゆ》の表面《ひょうめん》に浮《う》き上《あ》がり、端《はし》へ行《ゆ》くとなべの底《そこ》の方《ほう》へしずむ。この動《うご》きが「対流《たいりゅう》」だ。

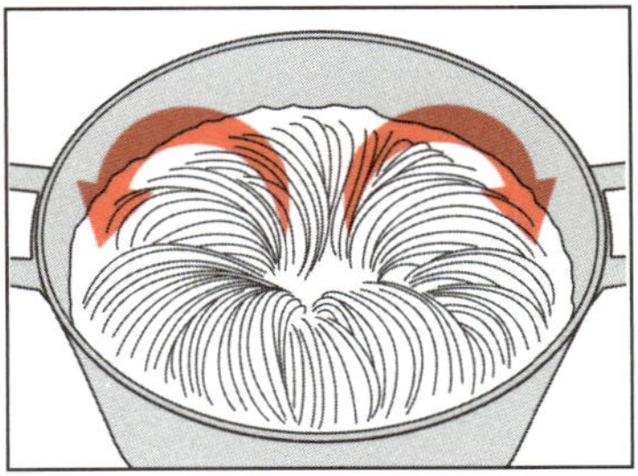

？「対流《たいりゅう》」ってなんだろう？

お湯《ゆ》をかきまぜないでおふろに入《はい》った時《とき》、上《うえ》の方《ほう》だけ熱《あつ》くて、下《した》は水《みず》のように冷《つめ》たかった、という経験《けいけん》をしたことはないだろうか？

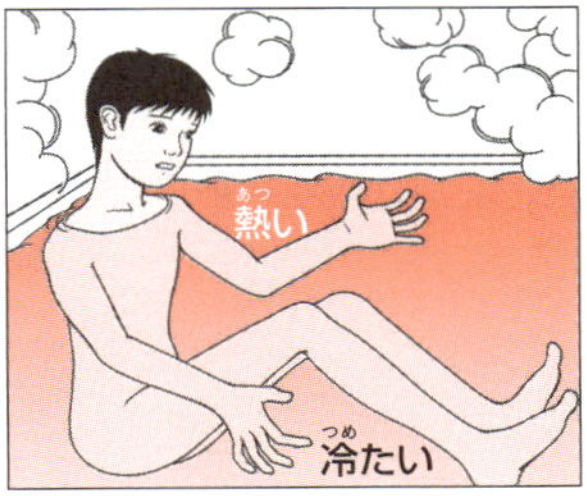

気体《きたい》や液体《えきたい》は、温《あたた》められるとふくらんで密度《みつど》が小《ちい》さく軽《かる》くなり、上《うえ》へとあがっていく。逆《ぎゃく》に、冷《ひ》えるとちぢんで重《おも》くなるため、下《した》へしずんでしまう。キミたちは、おふろで、この仕組《しく》みを体験《たいけん》したわけだ。

なべをコンロの火《ひ》にかけて、お湯《ゆ》をわかした場合《ばあい》、火《ひ》で温《あたた》められたお湯《ゆ》は、上《うえ》へ向《む》かってあがっていく。でも、火《ひ》から遠《とお》くはなれていくほど温度《おんど》は下《さ》がり、空気《くうき》にふれるとさらに冷《ひ》えて重《おも》くなってしまう。冷《ひ》えたお湯《ゆ》はなべの底《そこ》にしずんでいくが、また火《ひ》に温《あたた》められると、同《おな》じ動《うご》きをくり返《かえ》す。このような、気体《きたい》や液体《えきたい》の動《うご》きが「対流《たいりゅう》」だ。

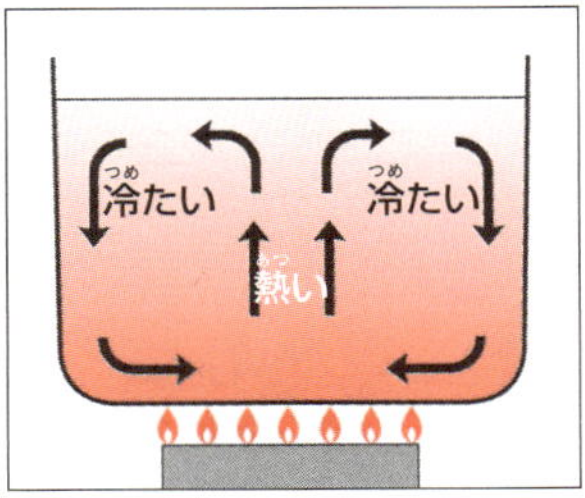

でも宇宙《うちゅう》へ行《い》くと、見《み》かけ上《じょう》の物《もの》の重《おも》さがなくなってしまうため、この対流《たいりゅう》は起《お》こらない。対流《たいりゅう》が起《お》こるのは、地球《ちきゅう》の重力《じゅうりょく》のおかげなんだ。

キミも実験《じっけん》!

虹色《にじいろ》カクテルを作《つく》ってみよう!

物《もの》の「比重《ひじゅう》」を利用《りよう》して、とってもきれいなカクテルを作《つく》ろう!

用意《ようい》するもの

- 水《みず》あめ
- ホットケーキ用《よう》のシロップ
- カキ氷用《ごおりよう》のシロップ
- 砂糖入《さとうい》りのアイスコーヒー
- スプーン
- 背《せ》の高《たか》いコップ

このほかにも、キミの好《す》きな飲《の》み物《もの》などで試《ため》してみよう。

?「比重《ひじゅう》」ってなんだろう?

同《おな》じ体積《たいせき》の水《みず》の重《おも》さを基準《きじゅん》に、物《もの》の重《おも》さを比《くら》べた値《あたい》を「比重《ひじゅう》」というよ。水《みず》の密度《みつど》は1㎖あたり1g。その比《ひ》重《じゅう》を1として、それよりどれだけ軽《かる》いか、あるいは重《おも》いかを比《くら》べた値《あたい》なんだ。比重《ひじゅう》が1より大《おお》きい物質《ぶっしつ》は水《みず》にしずみ、1より小《ちい》さい物《ぶっ》質《しつ》は水《みず》にういてしまう。

例《たと》えば水《みず》と油《あぶら》では、油《あぶら》の方《ほう》が比重《ひじゅう》が小《ちい》さいから、2つをコップに入《い》れると、下《した》の方《ほう》に水《みず》の層《そう》、上《うえ》の方《ほう》には油《あぶら》の層《そう》ができてしまう。ただこれも、重《おも》さがなくなってしまう宇宙《うちゅう》では起《お》こらない現象《げんしょう》だ。

実験《じっけん》では、いろいろな物《もの》の比重《ひじゅう》を比《くら》べながらカクテルを作《つく》ろう。

① 最初《さいしょ》に水《みず》あめをコップに入《い》れる

水《みず》あめのように甘《あま》い物《もの》は、糖分《とうぶん》などが入《はい》っている分《ぶん》、水《みず》より比重《ひじゅう》が大《おお》きくなる。今回用意《こんかいようい》した物《もの》の中《なか》では、一番糖分《いちばんとうぶん》の量《りょう》が多《おお》く、比重《ひじゅう》が大《おお》きい水《みず》あめを、まずコップの中《なか》に1㎝の高《たか》さ分《ぶん》、入《い》れよう（ただし、メーカーにより内容《ないよう》が異《こと》なるので、ここで紹介《しょうかい》した通《とお》りの順番《じゅんばん》に比重《ひじゅう》が大《おお》きいとは限《かぎ》りません）。

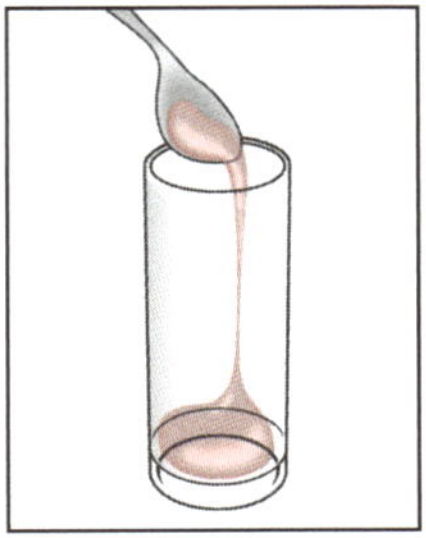

② スプーンを使《つか》ってほかの物《もの》も入《い》れる

次《つぎ》にケーキ用《よう》シロップ、カキ氷用《ごおりよう》シロップ、アイスコーヒーの順《じゅん》に1㎝の高《たか》さ分《ぶん》ずつ重《かさ》ねていこう。スプーンの背《せ》をコップの内側《うちがわ》にあてて、液体《えきたい》をスプーンに静《しず》かにたらすようにすると、混《ま》ざらずに注《そそ》ぐことができるよ。

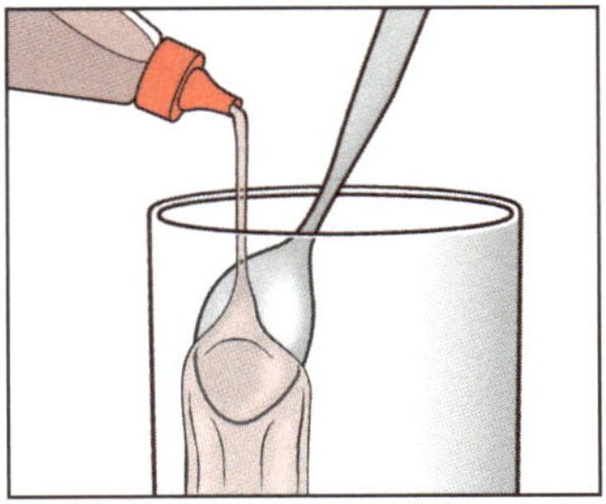

③ 混《ま》ざらずに、全部《ぜんぶ》入《い》れたら完成《かんせい》だ！

混《ま》ざらずに、4つの層《そう》ができたら完成《かんせい》だ。今回《こんかい》用意《ようい》した物《もの》のほか、ジュースや牛乳《ぎゅうにゅう》などを使《つか》ってカラフルなカクテルを作《つく》ってみよう。どちらの比《ひ》重《じゅう》が大《おお》きいか分《わ》からない時《とき》は、下《した》の手順《てじゅん》をよく読《よ》んでね。

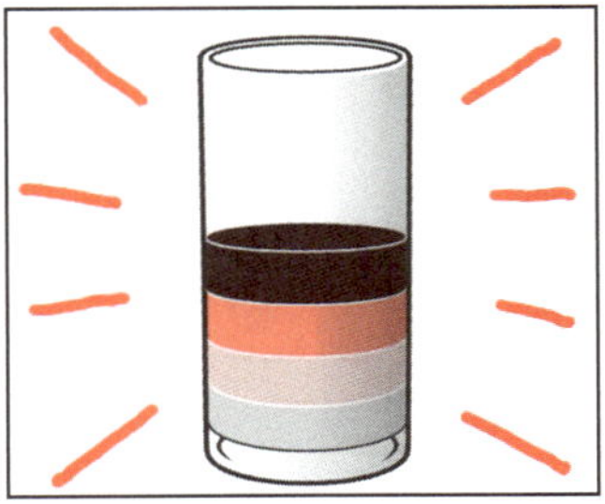

④ どちらが重《おも》いか分《わ》からない時《とき》は…？

最初《さいしょ》に説明《せつめい》した通《とお》り、同《おな》じ水《みず》あめでも製品《せいひん》によって糖分《とうぶん》の量《りょう》などがちがうため、比重《ひじゅう》の大《おお》きさも少《すこ》しずつちがう。実験《じっけん》する時《とき》に、どちらが重《おも》いか分《わ》からない時《とき》は、2つの物《もの》を小《ちい》さな容《よう》器《き》に少《すこ》しだけ注《そそ》いで比重《ひじゅう》の大《おお》きさをテストしよう。プラスチック製《せい》しょう油《ゆ》入《い》れの上部《じょうぶ》をカッターで切《き》った容器《ようき》を作《つく》ると便利《べんり》だよ。

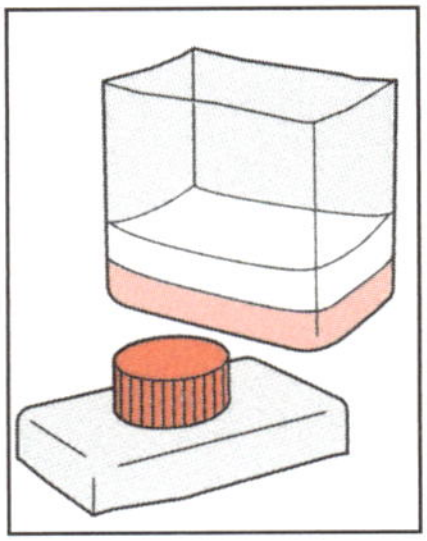

FILE《ファイル》 2

「星《ほし》のなみだ」を取《と》りもどせ！

イベント会場《かいじょう》で事件《じけん》が発生《はっせい》！　犯人《はんにん》に盗《ぬす》まれた「星《ほし》のなみだ」を取《と》りもどすため、コナンはある実験《じっけん》の仕組《しく》みを応用《おうよう》するが……!?

何《なに》!? 見失《みうしな》っただと！
探《さが》せ！ 探《さが》し出《だ》せ!!
おまえら、こんなとこにいたのか。
あ、おっちゃん。
なんだ、このさわぎは？
何《なに》か事件《じけん》があったみたいなんだ。

F2-1

きみたち、こんなとこで何《なに》を!?
タッ
!
若井《わかい》さん。
不審者《ふしんしゃ》が侵入《しんにゅう》したらしいんだ。
ここは危険《きけん》だから、早《はや》く離《はな》れなさい!
あの……。
わたくし、毛利小五郎《もうりこごろう》という者《もの》ですが……。
え!?
あの名探偵《めいたんてい》の毛利《もうり》さんですか!?
いったい何《なに》が起《お》きたんですか?
はい。……実《じつ》は。
ドンッ
じゃまだ! どいてくれ!!
わっ。

F2-2

警備主任《けいびしゅにん》はどこだ⁉
はいっ、ここに！
これはどういうことだ!!
状況《じょうきょう》を説明《せつめい》しろ！
巡回中《じゅんかいちゅう》……、
スペースデブリ監視棟《かんしとう》の入《い》り口《ぐち》が開《ひら》いていたので中《なか》をのぞいたら……。
バーンッ
!!
ガサッ
だれだ⁉
F2-3
にっ。

はっ
スタンッ
ドンッ
うぐっ。
ガンッ
F2-4
う、うう……。
ダッ
非常事態発生《ひじょうじたいはっせい》！
非常事態発生《ひじょうじたいはっせい》！
——と身軽《みがる》な奴《やつ》でして……
残念《ざんねん》ながら社長《しゃちょう》のテクタイトは……。

何《なに》〜!!
「星《ほし》のなみだ」が盗《ぬす》まれただと!
早《はや》く犯人《はんにん》を探《さが》し出《だ》せ!
はっ。
あの。
ん?
なんだきみは?
名探偵《めいたんてい》毛利小五郎《もうりこごろう》です!
探偵《たんてい》――?
なぜここに探偵《たんてい》が?
社長《しゃちょう》……、毛利《もうり》さんはたまたまこの場《ば》に居合《いあ》わせただけなのに、
犯人《はんにん》たいほに協力《きょうりょく》を申《もう》し出《で》てくれたんです。
呼《よ》んでもないのにおせっかいなヤツだ。
イラ イラ
ムッ
くるっ
スタスタ

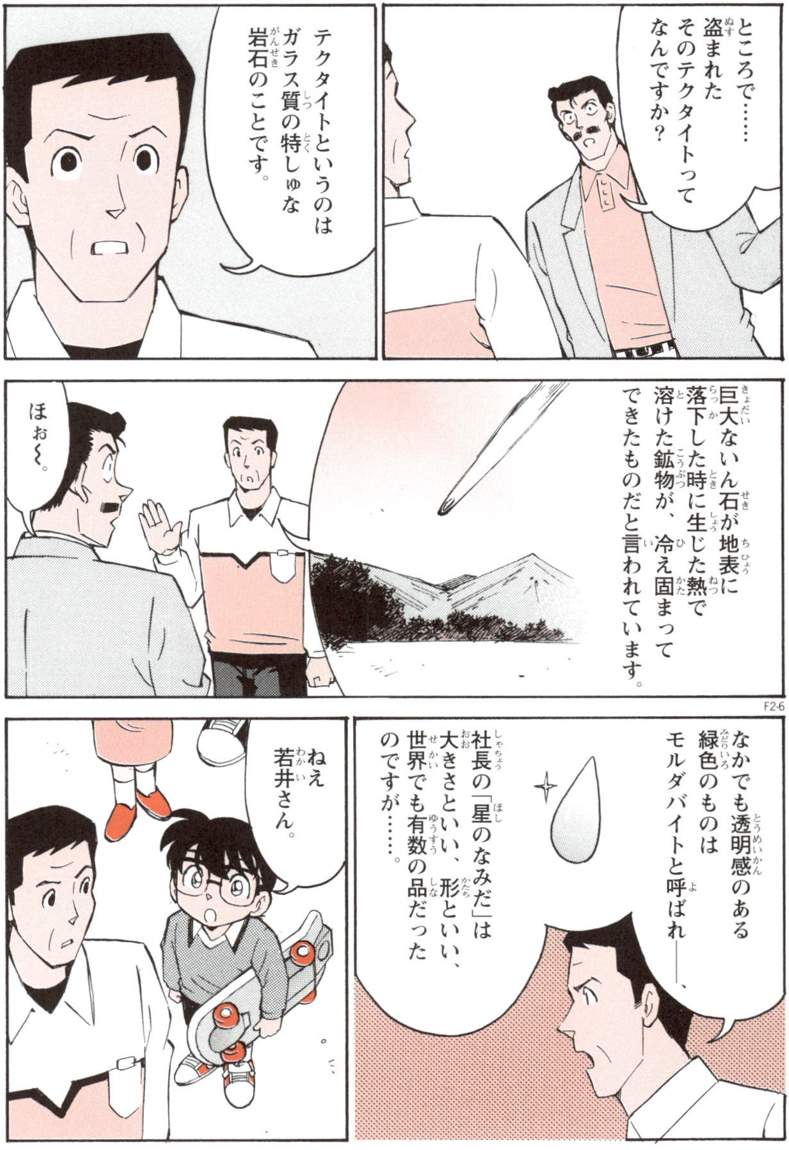
ところで……盗《ぬす》まれたそのテクタイトってなんですか?
テクタイトというのはガラス質《しつ》の特《とく》しゅな岩石《がんせき》のことです。
巨大《きょだい》ないん石《せき》が地表《ちひょう》に落下《らっか》した時《とき》に生《しょう》じた熱《ねつ》で溶《と》けた鉱物《こうぶつ》が、冷《ひ》え固《かた》まってできたものだと言《い》われています。
ほぉ～。
F2-6
なかでも透明感《とうめいかん》のある緑色《みどりいろ》のものはモルダバイトと呼《よ》ばれ――、
社長《しゃちょう》の「星《ほし》のなみだ」は大《おお》きさといい、形《かたち》といい、世界《せかい》でも有数《ゆうすう》の品《しな》だったのですが……。
ねえ若井《わかい》さん。

「星《ほし》のなみだ」はスペースデブリ監視棟《かんしとう》の1階《かい》に展示《てんじ》されていたんだよね？
ああそうだよ。
ところできみたちはいったい？
おれたち少年探偵団《しょうねんたんていだん》！
バン！
毛利探偵《もうりたんてい》の優《ゆう》しゅうな助手《じょしゅ》よ！
……。
……。
コラッ！大人《おとな》のじゃますんな。
ゴン
なんでおれが〜。
——で、そのスペース何《なん》とかってどんな施設《しせつ》なんですか？
スペースデブリ監視棟《かんしとう》とは——。
そもそも宇宙《うちゅう》には使《つか》い捨《す》てられた人工衛星《じんこうえいせい》やその部品《ぶひん》、はがれたペンキの破片《はへん》など、たくさんのゴミがあります。
人工衛星《じんこうえいせい》
はがれたペンキの破片《はへん》

F2-7

そういうゴミをスペースデブリと呼《よ》ぶんですが――。
監視棟《かんしとう》では直径《ちょっけい》1m《メートル》の望遠鏡《ぼうえんきょう》を使《つか》って、スペースデブリが通信衛星《つうしんえいせい》などにぶつからないよう見張《みは》っているんです。
……そうすると、
「星《ほし》のなみだ」以外《いがい》に金目《かねめ》のものがあるとはふつう考《かんが》えられませんな……。
すでに「星《ほし》のなみだ」をうばった犯人《はんにん》はなぜ、2階《かい》へ上《あ》がったのでしょう？
さぁ……。
ん？さっきから向山《むかいやま》さんの姿《すがた》が見《み》えませんな……。
………ひょっとして……。
そ……そんなはずは……。
犯人《はんにん》がいたぞー!!

行《い》くぞ！コナン!!
早《はや》く!! おいていきますよ！
がくっ
よし!! しっかりつかまってろ！
おう！
ドゥッ
つたく、調子《ちょうし》くるうな……。
あそこだ！
WISH《ウィッシュ》の発射台《はっしゃだい》の上《うえ》だ!!
ドゥオオォ
いたぞ！
カンカンカン

バッ
ダッ
!!
ガシッ
ケーブルにぶら下《さ》がったぞ！
なんて身軽《みがる》なヤツだ！
社長《しゃちょう》！犯人《はんにん》を追《お》いつめました。
もう袋《ふくろ》のネズミです！
いやちがう！
あいつはわざとあそこへ登《のぼ》ったんだ。

F2-10

何《なに》!?
ヴォオオオ
あぶない!!
トレーラーの荷台《にだい》にクッション!?
そうか!
トレーラーの荷台《にだい》に飛《と》び降《お》りて逃《に》げるつもりか!!
させるか!!
カチッ

元太《げんた》！　WISH《ウィッシュ》の下《した》へ走《はし》れ！
おう！
カチッ
3、2、1……。
キュン
キュン
今《いま》だ！
パッ
ギューーン
ドドッ

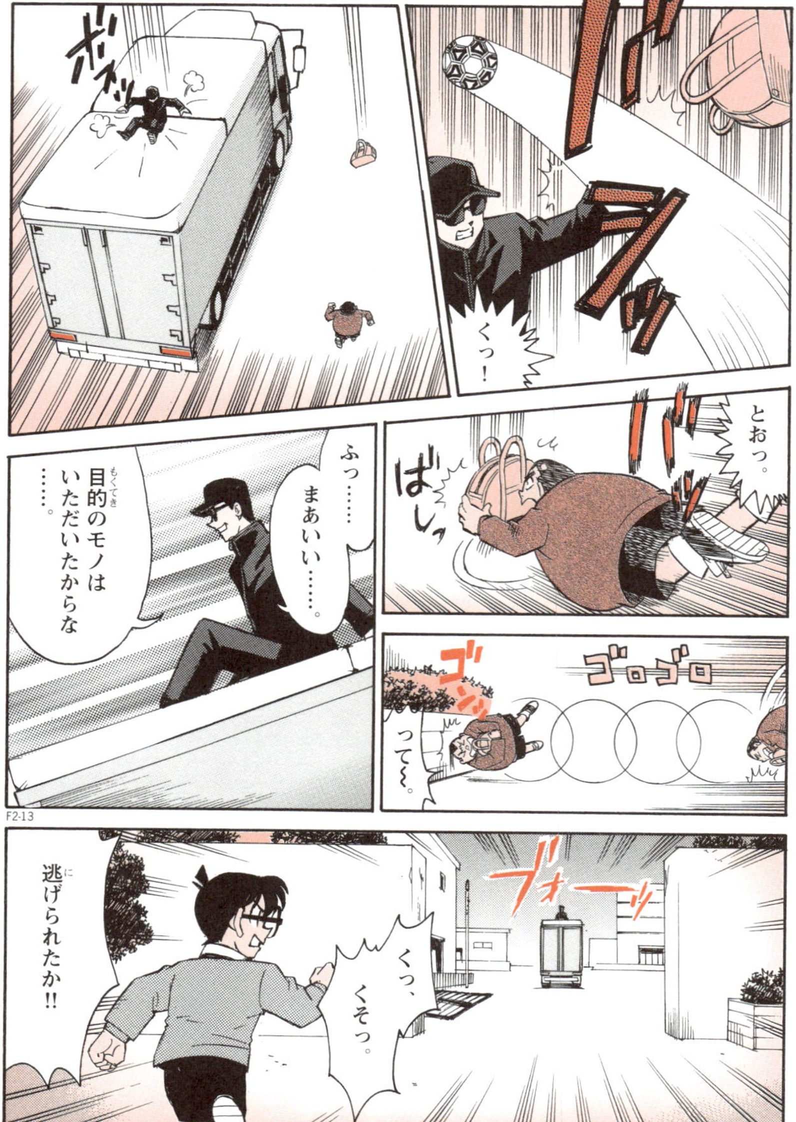

バッ
ブンッ
くっ！
ボスッ
とおっ。
バッ
ぱしっ
ふっ……
まあいい……。
目的《もくてき》のモノはいただいたからな……。
ゴンッ
ゴロゴロ
って〜。
F2-13
ブォーッ
くっ、くそっ。
逃《に》げられたか!!

元太《げんた》！
いててて……。
元太《げんた》くん、だいじょうぶですか!?
バッ
おう！バッチリだぜ。
やったな！
エッヘン
おれさまの大活躍《だいかつやく》で、「星《ほし》のなみだ」を取《と》り返《かえ》したぜ！
コナンくんのキック！すごかったですね～。
わいわいっ
さすがコナンくん♡
ズルッ
ありゃ？
でも、どうやって落《お》ちていく犯人《はんにん》にボールを当《あ》てられたの？
「モンキーハンティング」っていう有名《ゆうめい》な実験《じっけん》の仕組《しく》みを応用《おうよう》したんだ！
モンキーハンティング!?

F2-14

例《たと》えば……、
木《き》の枝《えだ》にぶら下《さ》がってるサルをハンターが鉄砲《てっぽう》で狙《ねら》っているとしよう。
そしてサルは、ハンターが鉄砲《てっぽう》をうつと同時《どうじ》に、おどろいて手《て》を放《はな》してしまう……。
パッ
びくっ
ハンターはどこを狙《ねら》えば、サルに弾《たま》を当《あ》てられると思《おも》う？
サルは木《き》から落《お》ちてくんだから……。
このへんを命中《めいちゅう》するんじゃないかな？
残念《ざんねん》！
サルと同《おな》じように鉄砲《てっぽう》の弾《たま》も落《お》ちながら飛《と》んでるんだ。
ちっちっ

F2-15

重力《じゅうりょく》には面白《おもしろ》い性質《せいしつ》があって、どんな物体《ぶったい》も同《おな》じペースで落下《らっか》していく。
だから……
ハンターは木《き》の枝《えだ》のサルに正確《せいかく》に鉄砲《てっぽう》を向《む》けておくだけでいいんだ。
この実験《じっけん》は44～47ページにやり方《かた》の説明《せつめい》があるよ！
そうすると――
こんなふうに命中《めいちゅう》するのさ！
すご〜い！
それでさっきもボールを当《あ》てることができたんですね。
でもちょっとおサルさんがかわいそう…
実際《じっさい》は、サッカーボールだとそう計算通《けいさんどお》りにいかないけど……
ま、そこは長年《ながねん》のカンてやつで……。
長年《ながねん》のカン？おまえいつからサッカーやってんだ？
え？　いや……。
新一兄《しんいちにい》ちゃんから「長年《ながねん》のカン」を教《おし》えてもらったって意味《いみ》で……。
バカね……。

F2-16

コナンと実験！

吹《ふ》き矢《や》で「モンキーハンティング」！

この実験《じっけん》の装置《そうち》を作《つく》るのはとても難《むずか》しいから、学校《がっこう》の先生《せんせい》など、おとなの人《ひと》に相談《そうだん》してみよう！

用意《ようい》するもの

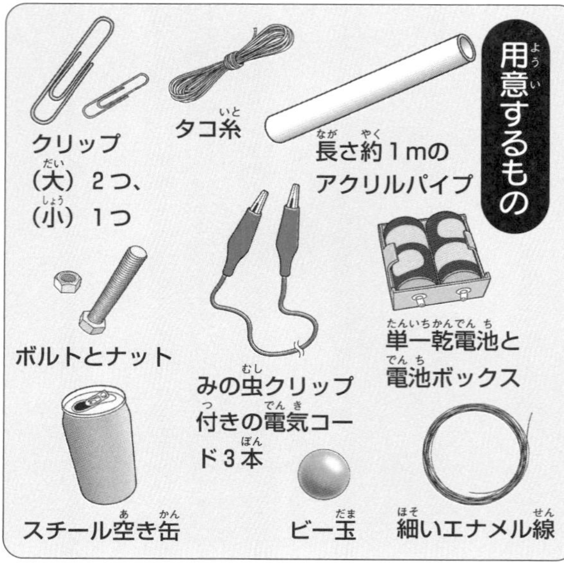
クリップ（大《だい》）2つ、（小《しょう》）1つ
タコ糸《いと》
長《なが》さ約《やく》1mのアクリルパイプ
ボルトとナット
みの虫《むし》クリップ付《つ》きの電気《でんき》コード3本《ぼん》
単一乾電池《たんいちかんでんち》と電池《でんち》ボックス
スチール空《あ》き缶《かん》
ビー玉《だま》
細《ほそ》いエナメル線《せん》

① パイプで吹《ふ》き矢《や》を作《つく》ろう

アクリルパイプは、ちょうどビー玉《だま》が入《はい》る太《ふと》さの物《もの》を選《えら》ぼう。あらかじめ小《ちい》さいクリップは真《ま》っ直《す》ぐ、大《おお》きいクリップは図《ず》のように一部《いちぶ》をのばしておくよ。

パイプの先《さき》に、大《おお》きいクリップをビニールテープでとめたら、小《ちい》さいクリップを大《おお》きいクリップ2つにはさんでおこう。これが、電《でん》磁石《じしゃく》のスイッチになるんだ。

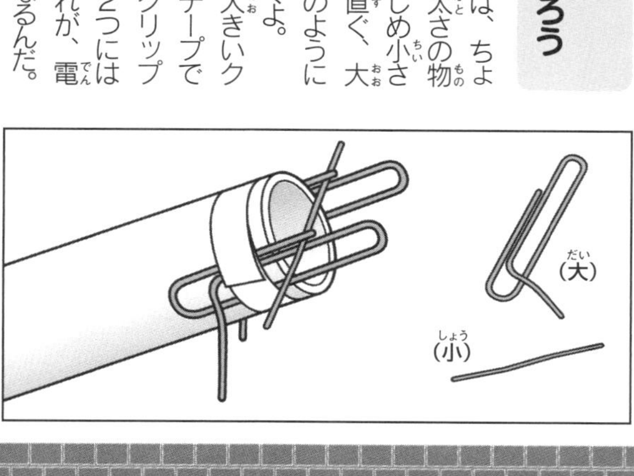
（大《だい》）
（小《しょう》）

②吹《ふ》き口《くち》にタコ糸《いと》をつけよう

パイプの吹《ふ》き口《くち》の方《ほう》に、短《みじか》く切《き》ったタコ糸《いと》をビニールテープでとめよう。ここからビー玉《だま》を入《い》れるので、適度《てきど》にゆるめておくこと。こうすると、ビー玉《だま》が出《で》てこないよ。

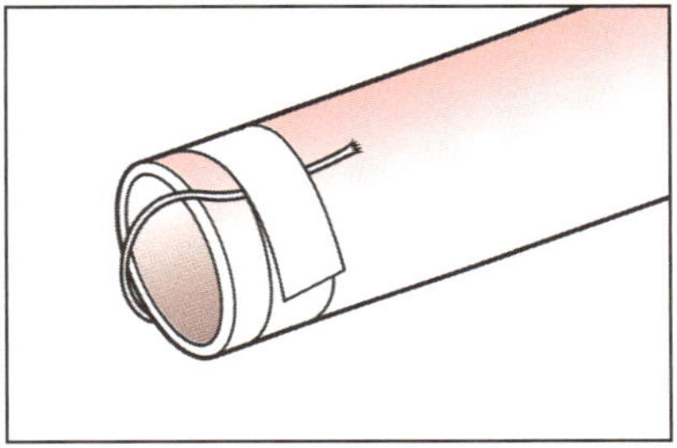

③エナメル線《せん》を巻《ま》いて電磁石《でんじしゃく》を作《つく》ろう

ナットをはめたボルトに、エナメル線《せん》を500回《かい》巻《ま》きつけよう。線《せん》の両《りょう》はしは5cm余《あま》らせておき、紙《かみ》ヤスリでエナメルを取《と》り除《のぞ》く。電気《でんき》を流《なが》すと、ボルトが磁石《じしゃく》になるよ。

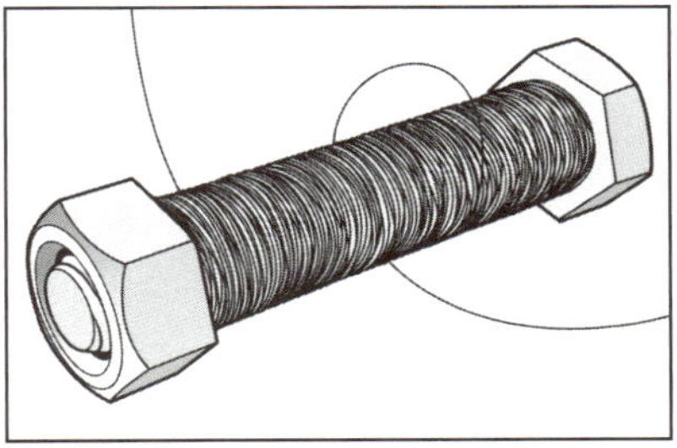

④図《ず》のような配線《はいせん》で回路《かいろ》を作《つく》ろう

みの虫《むし》クリップが付《つ》いた長《なが》い電気《でんき》コードを用意《ようい》して、図《ず》のように配線《はいせん》をしよう。

一本《ぽん》は、パイプの先《さき》に取《と》り付《つ》けた大《おお》きいクリップの1つと電池《でんち》ボックスのプラス極《きょく》。もう一本《ぽん》は、もう1つの大《おお》きいクリップと電磁石《でんじしゃく》。最後《さいご》の一本《ぽん》は、電池《でんち》ボックスのマイナス極《きょく》と、電磁石《でんじしゃく》をつなぐようにするんだ。

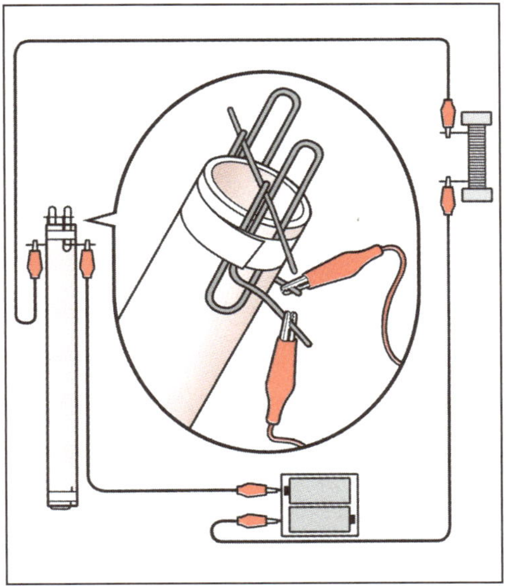

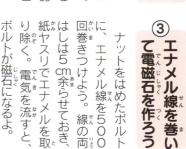

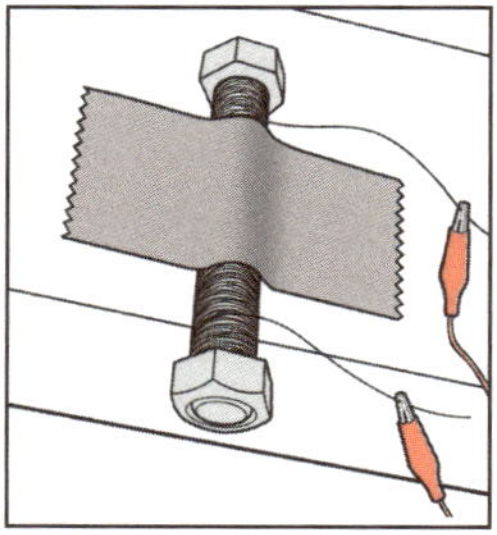

⑤天井《てんじょう》のはりなどに電磁石《でんじしゃく》をとめよう

天井《てんじょう》の〝はり〟に、電磁石《でんじしゃく》をガムテープで固定《こてい》する。はりがない場合《ばあい》は、壁《かべ》から少《すこ》しはなして電磁石《でんじしゃく》を固定《こてい》できる高《たか》い場所《ばしょ》を探《さが》そう。

後《うし》ろの壁《かべ》には、吹《ふ》き矢《や》から飛《と》び出《だ》したビー玉《だま》がいきおいよくぶつかるので、広《ひろ》げたダンボールを重《かさ》ねてガムテープでとめて、クッション代《が》わりにするといい。あとは、サルの代《か》わりとなるスチールの空《あ》き缶《かん》を電磁石《でんじしゃく》に付《つ》けたら準備《じゅんび》OK《オーケー》だ。うまくいかない時《とき》は、配線《はいせん》などをチェックしてみよう。

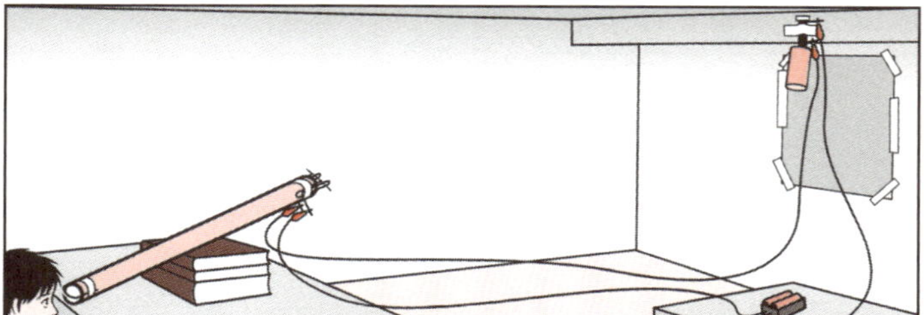

⑥吹《ふ》き矢《や》の狙《ねら》いを定《さだ》めよう

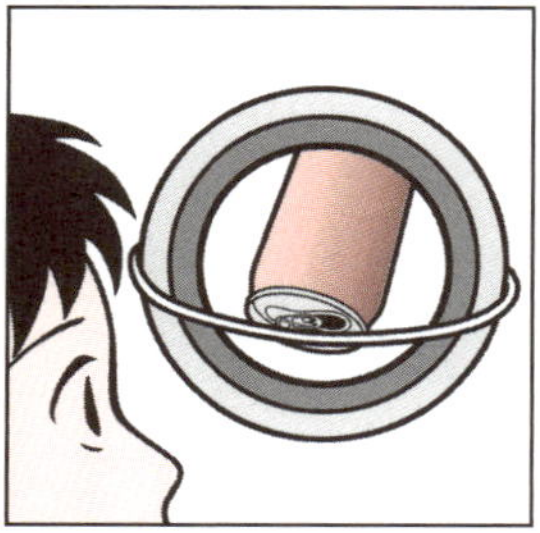

空《あ》き缶《かん》から3〜5mくらいはなれた場所《ばしょ》に机《つくえ》を置《お》いて、吹《ふ》き矢《や》をセットしよう。

吹《ふ》き矢《や》の下《した》に本《ほん》などをあて、角度《かくど》を調節《ちょうせつ》。そして、吹《ふ》き口《くち》から望遠鏡《ぼうえんきょう》のようにのぞいて、空《あ》き缶《かん》に正確《せいかく》に狙《ねら》いを定《さだ》めるんだ。ビー玉《だま》を入《い》れる時《とき》にどうしても狙《ねら》いがずれてしまう場合《ばあい》は、セロハンテープなどで吹《ふ》き矢《や》を固定《こてい》するといいだろう。

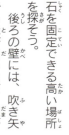

⑦ 吹《ふ》き口《くち》にビー玉《だま》を入《い》れよう

定《さだ》めた狙《ねら》いがずれないようビー玉《だま》を入《い》れよう。なお、吹《ふ》き矢《や》を吹《ふ》く時《とき》は、ビー玉《だま》を飲《の》みこんでしまわないよう、息《いき》を吸《す》いこんでから、吹《ふ》き矢《や》に口《くち》をつけるようにしよう。

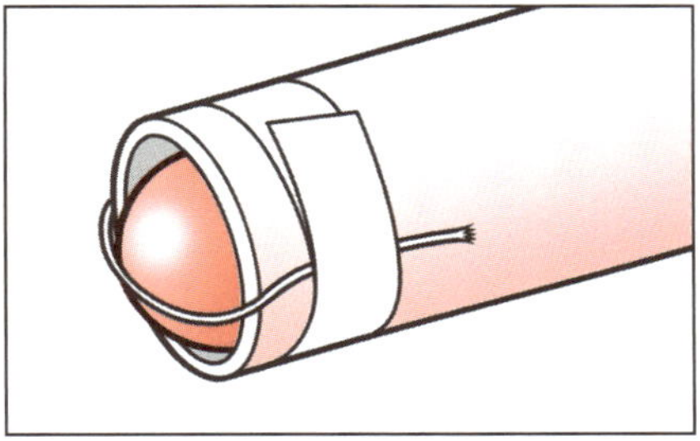

⑧ 空《あ》き缶《かん》めがけてビー玉《だま》を発射《はっしゃ》!

息《いき》を強《つよ》くはいてビー玉《だま》を発射《はっしゃ》すると、図《ず》のようにクリップのスイッチがはずれ、電磁石《でんじしゃく》の電気《でんき》が切《き》れる。するとビー玉《だま》が発射《はっしゃ》されたのと同時《どうじ》に、空《あ》き缶《かん》が下《した》に落《お》ち始《はじ》める。

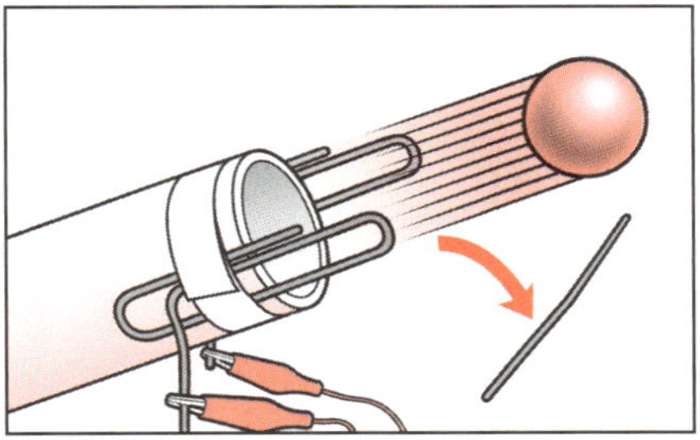

⑨ 当《あ》たらない時《とき》は狙《ねら》いを調整《ちょうせい》しよう

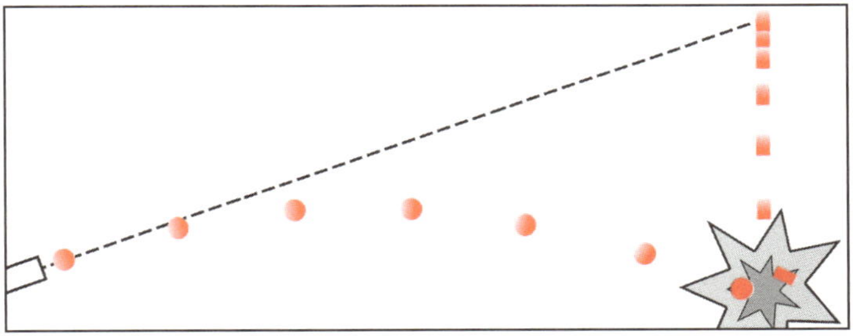

この実験は、コナンがサルとハンターの例《たと》えで説明《せつめい》した「モンキーハンティング」の仕組《しく》みを、空《あ》き缶《かん》と吹《ふ》き矢《や》に置《お》きかえたものだ。みんな、缶《かん》にビー玉《だま》を当《あ》てることはできただろうか?

もしビー玉《だま》が当《あ》たらない場合《ばあい》は、もう一度《いちど》、狙《ねら》いを調整《ちょうせい》したり、吹《ふ》き矢《や》を固定《こてい》するなど工夫《くふう》してみよう。

なお、ビー玉《だま》が当《あ》たったり、割《わ》れたりしてケガをする場合《ばあい》があるので、十分《じゅうぶん》に広《ひろ》い場所《ばしょ》で実験《じっけん》をしよう。

吹《ふ》き矢《や》は絶対《ぜったい》、人《ひと》に向《む》けちゃダメだよ!

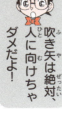

FILE《ファイル》 3 みんなビックリ、阿笠博士《あがさはかせ》の超魔術《ちょうまじゅつ》!?

事件《じけん》の翌日《よくじつ》、実験《じっけん》に関《かん》する相談《そうだん》のため、阿笠博士《あがさはかせ》の家《いえ》へ集《あつ》まったコナンたち。
そこで博士《はかせ》が少年探偵団《しょうねんたんていだん》にひろうした超魔術《ちょうまじゅつ》とは!?

F3-1

警察《けいさつ》へは？
それが……。
毛利《もうり》さん、「星《ほし》のなみだ」を取《と》り返《かえ》してくれたことはひとまず感謝《かんしゃ》します。
ですが、わが社《しゃ》にとっては今《いま》が一番大事《いちばんだいじ》な時《とき》……。
この件《けん》は警察《けいさつ》にも一切《いっさい》他言無用《たごんむよう》に願《ねが》います。
……はぁ。
――ってことなんだ。
F3-2
一般《いっぱん》の人《ひと》の宇宙旅行《うちゅうりょこう》はまだ危険《きけん》だっていう批判《ひはん》もあるし……
スキャンダルは避《さ》けたいところよね。
ああ、そうかもな……。
ピンポーン

阿笠博士《あがさはかせ》、こんにちは〜。
コナンくん、博士《はかせ》にはもう相談《そうだん》してくれました?
あっ。いけね、忘《わす》れてた。
んも〜。
相談《そうだん》?
実《じつ》は昨日《きのう》……。
さっきはありがとう。
いえ、当然《とうぜん》のことをしただけです。
F3-3
そうだ! 社長《しゃちょう》、お礼《れい》に彼《かれ》らを——。
……うむ。
きみたちをみのりケ島《しま》のWISH《ウィッシュ》打《う》ち上《あ》げに招待《しょうたい》しよう。
ほんと〜!? すげー!!

それと……
テレビでやる公開実験《こうかいじっけん》の内容《ないよう》もみんなに考《かんが》えてもらいたいんだけど……
どうかな？
お安《やす》いご用《よう》ですよ！
ぼくたちにまかせてください!!
――とは言《い》ったものの……。
無重力《むじゅうりょく》の不思議《ふしぎ》についての実験《じっけん》なんて……
ねー。
博士《はかせ》!!
おねがいっ
力《ちから》を貸《か》してください！
ほっ
ほっほっ
無重力《むじゅうりょく》について考《かんが》える前《まえ》に
まず、
重力《じゅうりょく》とはどんなものか分《わ》かるかな？
あっ、それ若井《わかい》さんが言《い》ってたぞ。
確《たし》か物《もの》が下向《したむ》きに引《ひ》っぱられる力《ちから》のことよね。
うむっ。

F3-4

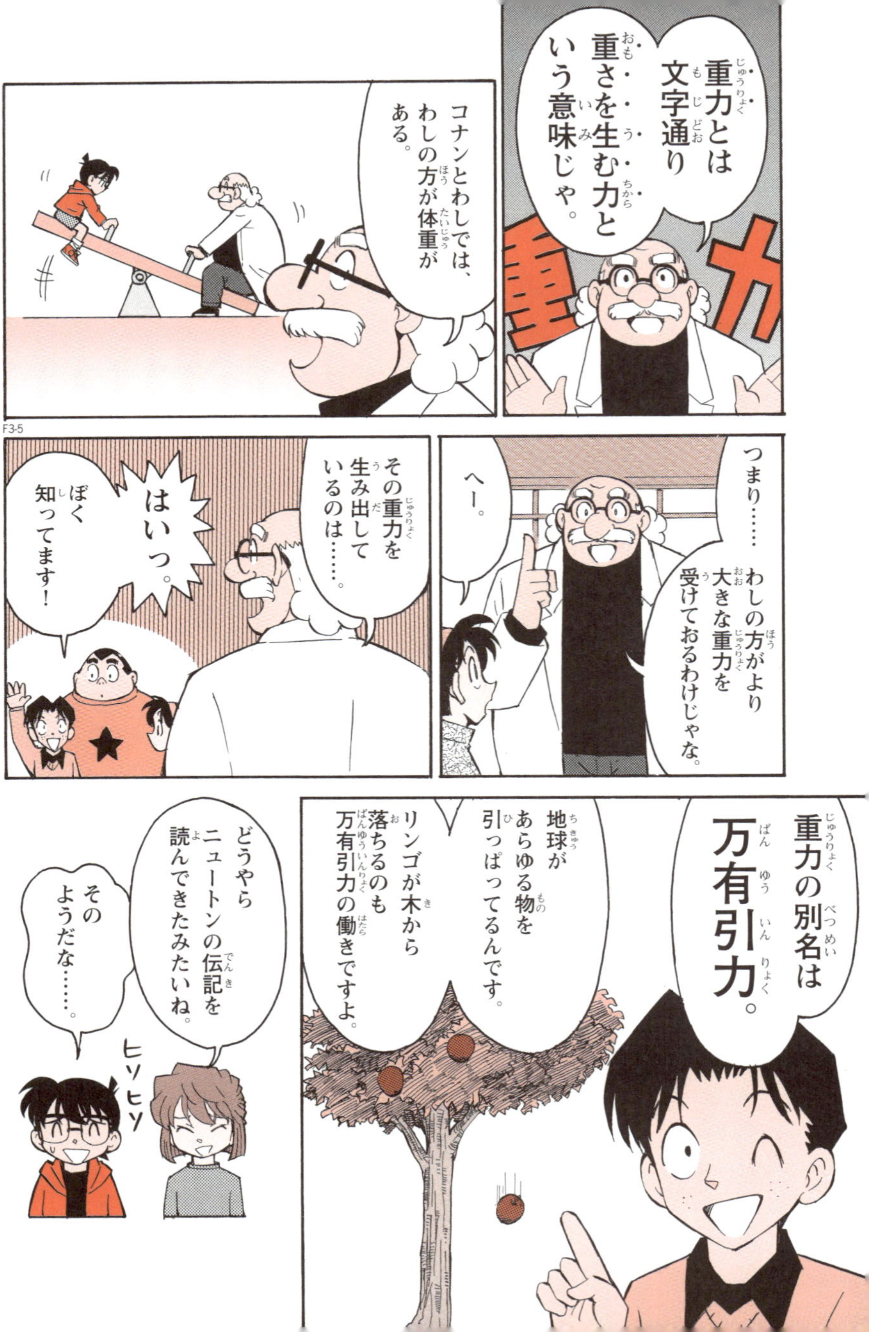
重力《じゅうりょく》とは文字通《もじどお》り重《おも》さを生《う》む力《ちから》という意味《いみ》じゃ。
重力
コナンとわしでは、わしの方《ほう》が体重《たいじゅう》がある。
つまり…… わしの方《ほう》がより大《おお》きな重力《じゅうりょく》を受《う》けておるわけじゃな。
へー。
その重力《じゅうりょく》を生《う》み出《だ》しているのは……。
はいっ。
ぼく知《し》ってます!
重力《じゅうりょく》の別名《べつめい》は万有引力《ばんゆういんりょく》。
地球《ちきゅう》があらゆる物《もの》を引《ひ》っぱってるんです。
リンゴが木《き》から落《お》ちるのも万有引力《ばんゆういんりょく》の働《はたら》きですよ。
どうやらニュートンの伝記《でんき》を読《よ》んできたみたいね。
そのようだな……。
ヒソヒソ

F3-5

※重力《じゅうりょく》は、万有引力《ばんゆういんりょく》のほか、地球《ちきゅう》の自転《じてん》による影響《えいきょう》も受《う》けています。

なー、博士《はかせ》。さっきから言《い》ってるしつりょうってなんだよ？
おお、すまんすまん。
地球上《ちきゅうじょう》では区別《くべつ》しにくいためじゃが、「重《おも》さ」という言葉《ことば》をふだんは、
「質量《しつりょう》」と「重量《じゅうりょう》」という2つの意味《いみ》で使《つか》っておるんじゃ。
例《たと》えば質量《しつりょう》60キロのわしが、ロケットで月《つき》へ行《い》ったとしよう。
たった60キロかよ〜!?
サバ読《よ》みすぎじゃない？
おほん！
月《つき》でもわしの質量《しつりょう》は60キロじゃが、重量《じゅうりょう》は6分《ぶん》の1に減《へ》っておるはずじゃ。
え〜なんで〜？

F3-7

急《きゅう》に体《からだ》が縮《ちぢ》んだり、穴《あな》が開《あ》いちまうわけじゃないよな？
しゅ
わゎ
ぽっ
かり
ほっほっほっ。
うむ。
地球《ちきゅう》と比《くら》べて、月《つき》はこのくらいの大《おお》きさしかないんじゃ。
地球《ちきゅう》
月《つき》
F3-8
だから わしと月《つき》との間《あいだ》に働《はたら》く万有引力《ばんゆういんりょく》も、地球《ちきゅう》のものより小《ちい》さな力《ちから》になってしまうんじゃよ。
なるほど！
質量《しつりょう》と重量《じゅうりょう》のちがいは、これを使《つか》って考《かん》えると分《わ》かりやすいぞ。
ひょい
1つは天秤《てんびん》で……。
こっちはバネ秤《ばかり》ね！

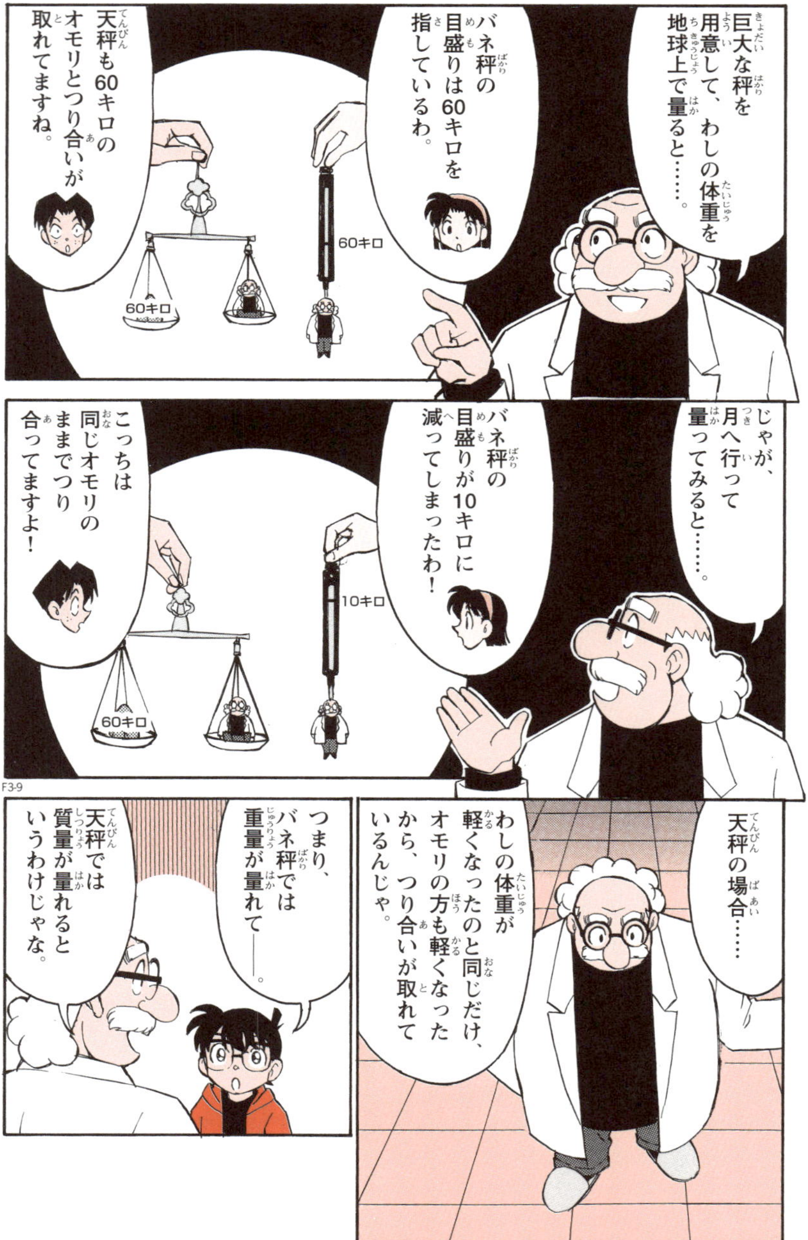
巨大《きょだい》な秤《はかり》を用意《ようい》して、わしの体重《たいじゅう》を地球上《ちきゅうじょう》で量《はか》ると……。
バネ秤《ばかり》の目盛《めも》りは60キロを指《さ》しているわ。
60キロ
天秤《てんびん》も60キロのオモリとつり合《あ》いが取《と》れてますね。
60キロ
じゃが、月《つき》へ行《い》って量《はか》ってみると……。
バネ秤《ばかり》の目盛《めも》りが10キロに減《へ》ってしまったわ！
10キロ
こっちは同《おな》じオモリのままでつり合《あ》ってますよ！
60キロ
天秤《てんびん》の場合《ばあい》……
わしの体重《たいじゅう》が軽《かる》くなったのと同《おな》じだけ、オモリの方《ほう》も軽《かる》くなったから、つり合《あ》いが取《と》れているんじゃ。
つまり、バネ秤《ばかり》では重量《じゅうりょう》が量《はか》れて——。
天秤《てんびん》では質量《しつりょう》が量《はか》れるというわけじゃな。

F3-9

おっ、そうじゃ！
みんなに面白《おもしろ》いマジックを見《み》せてあげよう。
ガサ
ゴソ
？
これじゃ!!
ジャーンッ
何《なに》これ？
この透明《とうめい》な筒《つつ》の中《なか》にはビー玉《だま》と羽毛《うもう》が入《はい》っておる。
ここで問題《もんだい》じゃ。
この筒《つつ》の上下《じょうげ》をひっくり返《かえ》したら、ビー玉《だま》と羽毛《うもう》のどっちが先《さき》に落《お》ちるかな？

バカにするなよ！
羽毛《うもう》とビー玉《だま》ならビー玉《だま》の方《ほう》が重《おも》いから、先《さき》に落《お》ちるに決《き》まってるだろ！
ところが
魔法《まほう》の呪文《じゅもん》を唱《とな》えると――。
チチンプイプイ アダブラカタブラ テクマクマヤコン ルルルルル
ほい！
スーーッ
うわーっ!!
同時《どうじ》に落《お》ちた！
フワッ
コンッ
そうか！筒《つつ》の中《なか》が真空《しんくう》になってるのね。
その通《とお》り！
この筒《つつ》の中《なか》はポンプで空気《くうき》を抜《ぬ》いた状態《じょうたい》……
つまり真空《しんくう》になっておるんじゃ。
真空
この実験《じっけん》は60～61ページにやり方《かた》の説明《せつめい》があるよ。

F3-11

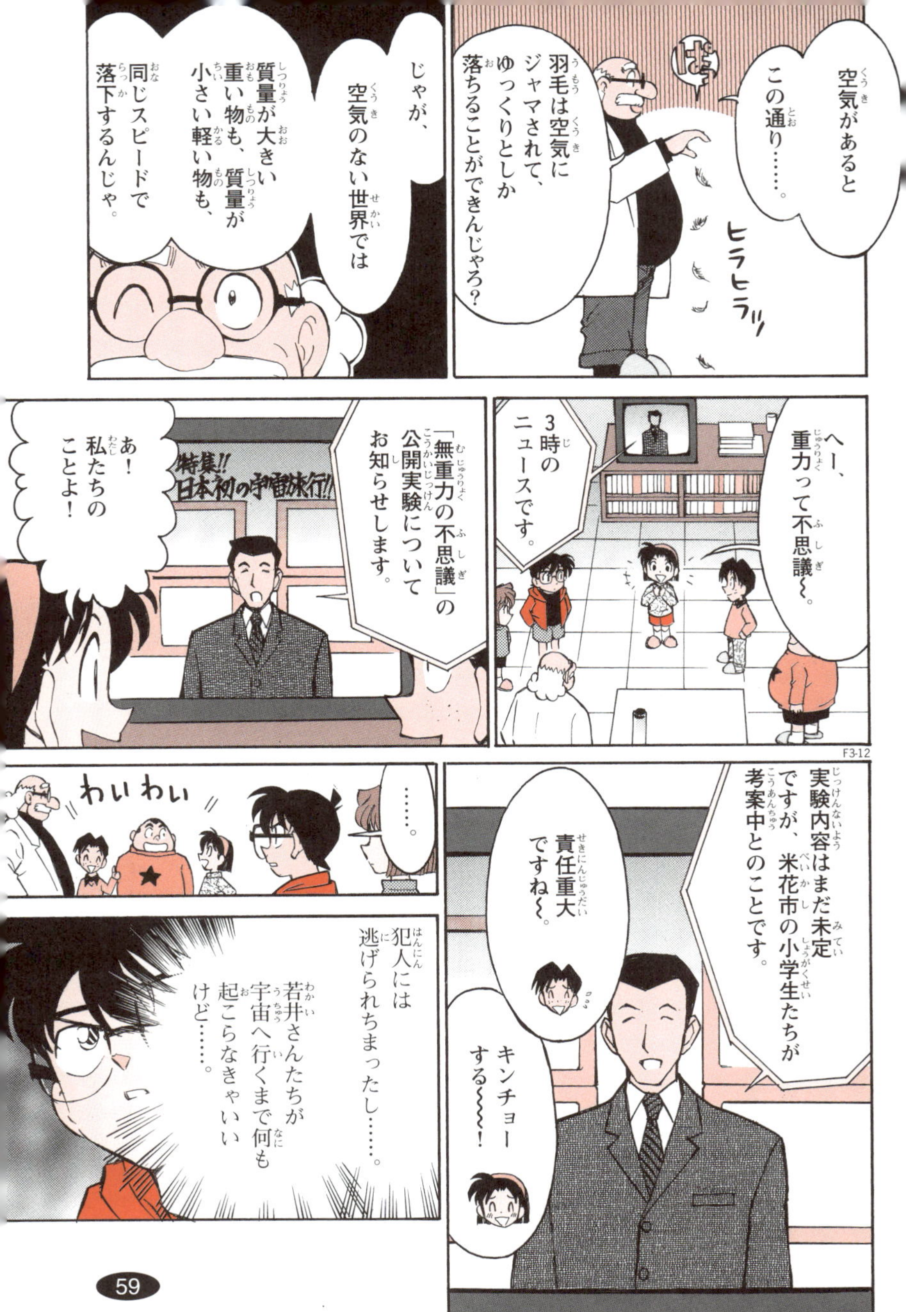

空気《くうき》があるとこの通《とお》り……。
ぱっ
ヒラヒラッ
羽毛《うもう》は空気《くうき》にジャマされて、ゆっくりとしか落《お》ちることができんじゃろ?
じゃが、空気《くうき》のない世界《せかい》では
質量《しつりょう》が大《おお》きい重《おも》い物《もの》も、質量《しつりょう》が小《ちい》さい軽《かる》い物《もの》も、同《おな》じスピードで落下《らっか》するんじゃ。
へー、重力《じゅうりょく》って不思議《ふしぎ》〜。
3時《じ》のニュースです。
「無重力《むじゅうりょく》の不思議《ふしぎ》」の公開実験《こうかいじっけん》についてお知《し》らせします。
特集!! 日本初の宇宙旅行!!
あ! 私《わたし》たちのことよ!
F3-12
実験内容《じっけんないよう》はまだ未定《みてい》ですが、米花市《べいかし》の小学生《しょうがくせい》たちが考案中《こうあんちゅう》とのことです。
責任重大《せきにんじゅうだい》ですね〜。
キンチョーする〜〜!
……。
わいわい
犯人《はんにん》には逃《に》げられちまったし……。
若井《わかい》さんたちが宇宙《うちゅう》へ行《い》くまで何《なに》も起《お》こらなきゃいいけど……。

コナンと実験《じっけん》!

真空《しんくう》に近《ちか》い状態《じょうたい》を作《つく》ってみよう!

阿笠博士《あがさはかせ》の超魔術《ちょうまじゅつ》をキミも再現《さいげん》してみよう!

用意《ようい》するもの

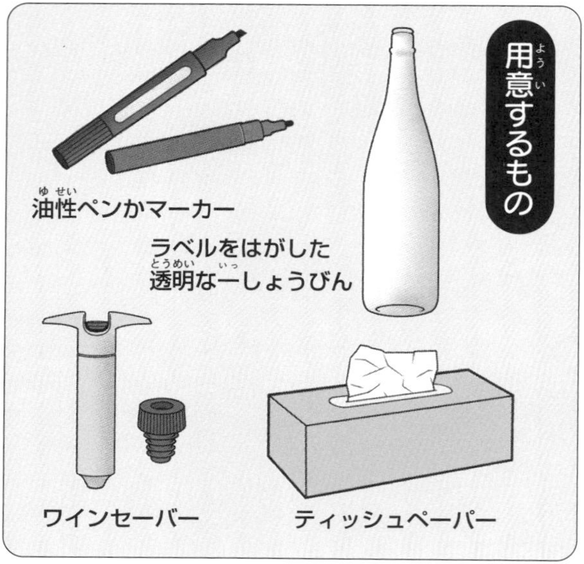
油性《ゆせい》ペンかマーカー
ラベルをはがした透明《とうめい》な一《いっ》しょうびん
ワインセーバー
ティッシュペーパー

① ティッシュペーパーを小《ちい》さく切《き》ろう

まず、ティッシュペーパーを2㎝四方《しほう》くらいに小《ちい》さくちぎろう。油性《ゆせい》ペンやマーカーなどで色《いろ》をつけておくと、観察《かんさつ》しやすくなるよ。

② 紙片《しへん》をびんに入《い》れふたをしよう

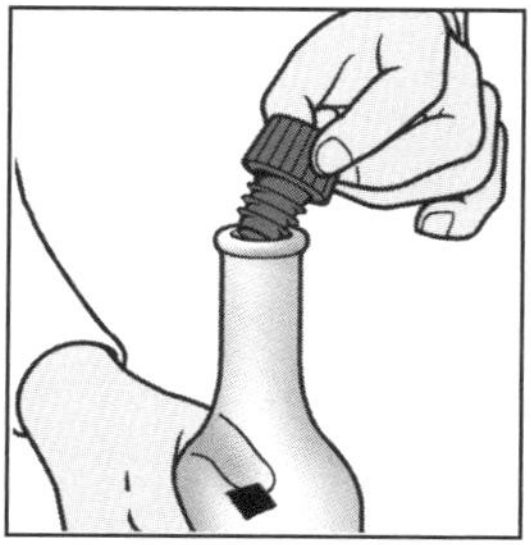

びんの中《なか》にティッシュを入《い》れ、ワインセーバー（飲《の》み残《のこ》したワインを保存《ほぞん》する時《とき》に使《つか》う道具《どうぐ》）のゴムせんでふたをしよう。

③ 紙片《しへん》が落《お》ちる時間《じかん》を計《はか》ってみよう

手《て》に持《も》ったびんをひっくり返《かえ》して、ティッシュが下《した》に落《お》ちるまでの時間《じかん》を計《はか》ろう。今《いま》はまだ、びんの中《なか》に空気《くうき》が入《はい》っている状態《じょうたい》なので、ゆっくりと落《お》ちていくはずだ。

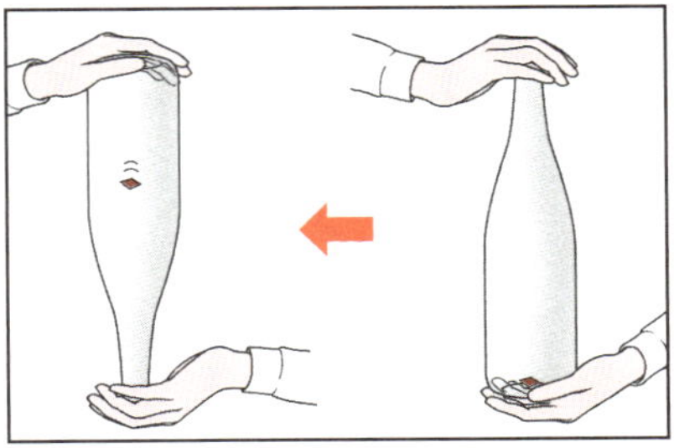

④ ポンプを使《つか》って空気《くうき》を抜《ぬ》こう

ワインセーバーのポンプで、びんの中《なか》の空気《くうき》を抜《ぬ》こう（ポンプの使《つか》い方《かた》は、それぞれの説明書《せつめいしょ》を読《よ》んでね）。ポンプを上下《じょうげ》させるほど、びんの中《なか》は真空《しんくう》に近《ちか》い状態《じょうたい》になる。

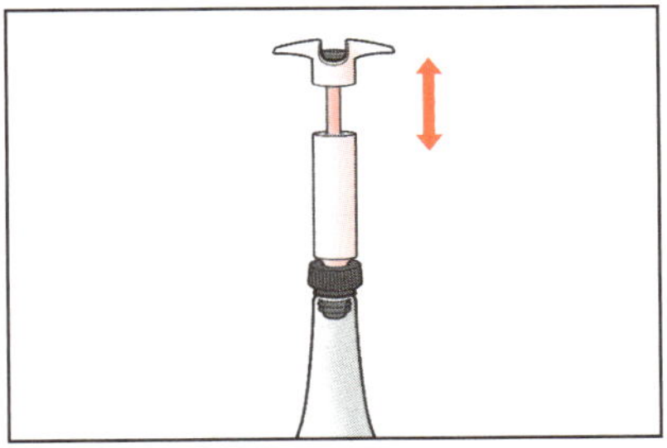

⑤ もう一度《いちど》、時間《じかん》を計《はか》ってみよう

もう一度《いちど》、ティッシュが下《した》に落《お》ちるまでの時間《じかん》を計《はか》ってみよう。空気《くうき》が少《すく》なくなった分《ぶん》、さっきより早《はや》く落《お》ちるはずだ。ストップウォッチがあれば、正確《せいかく》に計測《けいそく》できるよ。

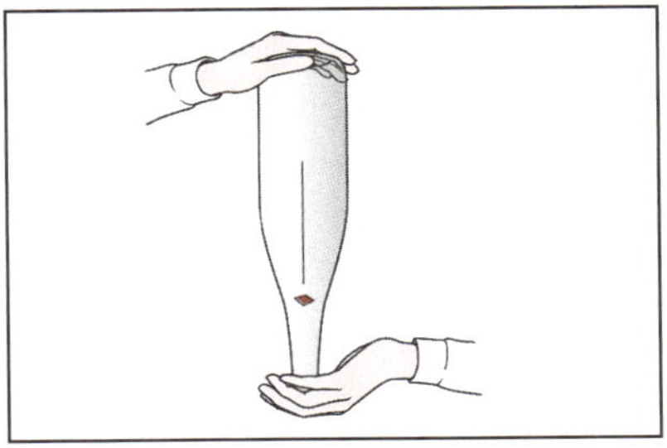

アクリルパイプを使《つか》った場合《ばあい》

阿笠博士《あがさはかせ》みたいに、長《なが》さ90㎝のアクリルパイプを使《つか》ってティッシュが落《お》ちる時間《じかん》を計《はか》ってみたよ。すると、空《くう》気《き》がある状態《じょうたい》では4秒《びょう》もかかった。でも、ポンプで空気《くうき》を抜《ぬ》いたら、なんと2秒《びょう》まで短《みじか》くなったんだ（空気《くうき》を抜《ぬ》く量《りょう》によって、時間《じかん》は異《こと》なります）。

そして……もしパイプの中《なか》を完全《かんぜん》な真空《しんくう》にすることができれば、ティッシュは0・43秒《びょう》で下《した》に落《お》ちるんだ！ キミも実験《じっけん》してみてね。

重力《じゅうりょく》の謎《なぞ》を解《と》き明《あ》かしたガリレオとニュートン

常識《じょうしき》にとらわれず、真実《しんじつ》を見《み》ぬいた2人《ふたり》の科学者《かがくしゃ》の物語《ものがたり》だよ。

重《おも》い物《もの》も軽《かる》い物《もの》も同《おな》じ速《はや》さで落下《らっか》することを証明《しょうめい》するため、ガリレオは、イタリアの「ピサの斜塔《しゃとう》」という斜《なな》めにかたむいた建《たて》物《もの》から、２つの重《おも》さのちがうボールを落《お》とし、同時《どうじ》に地面《じめん》に落《お》ちることを実験《じっけん》してみせたといわれている。

重《じゅう》力《りょく》の謎《なぞ》を解《と》き明《あ》かした2人《ふたり》の偉人《いじん》を紹介《しょうかい》しよう。

まず1人目《ひとりめ》はイタリアのガリレオ・ガリレイ（1564年《ねん》～1642年《ねん》）。ガリレオは、阿笠博士《あがさはかせ》が超魔術《ちょうまじゅつ》で見《み》せたように、「重《おも》い物《もの》も軽《かる》い物《もの》も同《おな》じ速《はや》さで落下《らっか》する」ということを実験《じっけん》によって明《あき》らかにした人物《じんぶつ》だ。当時《とうじ》の人《ひと》たちは「同《おな》じ高《たか》さから物《もの》を落《お》とせば、重《おも》い物《もの》ほど地面《じめん》に早《はや》く落《お》ちる」と考《かんが》えていたから、ガリレオの考《かんが》えにとてもおどろいた。このように〝常識《じょうしき》〟を疑《うたが》い、一《ひと》つ一《ひと》つの謎《なぞ》を実験《じっけん》によって確《たし》かめたガリレオは、「実験物理学《じっけんぶつりがく》の父《ちち》」と呼《よ》ばれているよ。

2人目《ふたりめ》の偉人《いじん》は、イギリスのアイザック・ニュートン（1643年《ねん》～1727年《ねん》）という人《ひと》だ。

当時《とうじ》、太陽《たいよう》や月《つき》、そのほかの星《ほし》たちは「天上界《てんじょうかい》」に属《ぞく》するものだと考《かんが》えられ、ニュートンは、自分《じぶん》の家《いえ》の庭《にわ》で、リンゴの木《き》からリンゴの実《み》が地面《じめん》に落《お》ちるのを見《み》て、「なぜ物《もの》は落下《らっか》するのだろう」と疑問《ぎもん》を持《も》ったことをきっかけに、万有引《ばんゆういん》力《りょく》の法則《ほうそく》を発見《はっけん》したといわれている。

リンゴが落下《らっか》するのと同《おな》じように、夜空《よぞら》の月《つき》や星《ほし》の動《うご》きも「万有引力《ばんゆういんりょく》」の働《はたら》きによるものだ、というニュートンの説明《せつめい》は、天上《てんじょう》の世界《せかい》と自分《じぶん》たちが住《す》む地上《ちじょう》とは別《べつ》の世界《せかい》だと考《かんが》えていた当《とう》時《じ》の人《ひと》たちを、とてもおどろかせた。

人間《にんげん》が住《す》む「地上界《ちじょうかい》」とは別《べつ》の法則《ほうそく》が支配《しはい》していると考《かんが》えられていた。しかしニュートンは、木《き》の枝《えだ》から地《じ》面《めん》に向《む》かって落《お》ちるリンゴを見《み》て、「リンゴと同《おな》じように、空《そら》の上《うえ》のあの月《つき》も、地球《ちきゅう》に向《む》かって落《お》ちてきているのではないか」と考《かんが》えた。その発想《はっそう》をきっかけとして、「すべての物《もの》は質量《しつりょう》に応《おう》じて万有引力《ばんゆういんりょく》で引《ひ》き合《あ》う」という「万有引力《ばんゆういんりょく》の法則《ほうそく》」を発見《はっけん》したといわれているよ。

ニュートンのすごいところは、天上界《てんじょうかい》も地上界《ちじょうかい》も同《おな》じ物理法則《ぶつりほうそく》に支配《しはい》されていることを見抜《みぬ》いた点《てん》だ。ニュートンもまた常識《じょうしき》にとらわれない人物《じんぶつ》だったんだね。

FILE《ファイル》 4
潮《しお》の満《み》ちひきにひそむ重力《じゅうりょく》の謎《なぞ》!!

みのりヶ島《しま》の磯《いそ》で遊《あそ》びながら、海《うみ》の不思議《ふしぎ》な現象《げんしょう》に気《き》づいたコナンたち。海《うみ》の水《みず》が増《ふ》えたり減《へ》ったりするのは、いったいなぜなんだろう⁉

ゴオオオ
おっちゃんは現場《げんば》にいなかった向山《むかいやま》さんがあやしいって言《い》ってたけど……。
トラックを運転《うんてん》してた共犯者《きょうはんしゃ》もいる……。
う～ん。
コナンくん!
みのりヶ島《しま》が見《み》えてきたよ!
F4-1
おっ ほんとだ!

MINORIGASHIMA
さすが南《みなみ》の島《しま》！
米花市《べいかし》より
ずっと暑《あつ》いな。
そうね。
わいわい
今日《きょう》から学校《がっこう》が休《やす》みでよかったね。
ああ、そうだね。
打《う》ち上《あ》げまであと3日《か》……。
まだ実験《じっけん》のアイディアが思《おも》いつかない……。
……どうする？
う〜ん。
2人《ふたり》とも！
ホテル行《ゆ》きのバスが出《で》ちゃうわよ。
何《なに》やってんの—、早《はや》く早《はや》く！

F4-2

みのりヶ島《しま》ビーチサイドホテル
ほう、思《おも》ったより立派《りっぱ》なホテルだな。
でも、ロビーの向《む》こうにあんなボロい時計《とけい》がかざってあるぜ。
カチカチ
うむ、確《たし》かにボロい。
ちょっとお父《とう》さん!!
ペコペコ

F4-3

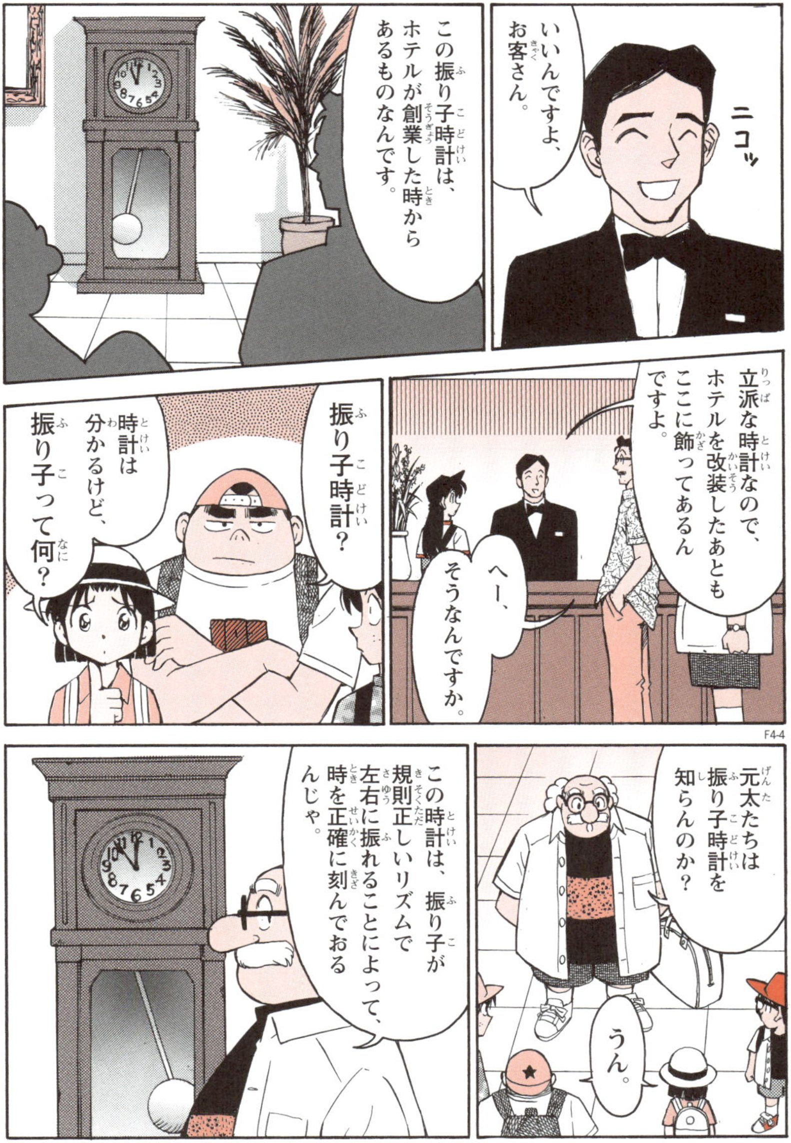
ニコッ
いいんですよ、お客《きゃく》さん。
この振《ふ》り子時計《こどけい》は、ホテルが創業《そうぎょう》した時《とき》からあるものなんです。
立派《りっぱ》な時計《とけい》なので、ホテルを改装《かいそう》したあともここに飾《かざ》ってあるんですよ。
へー、そうなんですか。
振《ふ》り子時計《こどけい》？
時計《とけい》は分《わ》かるけど、振《ふ》り子《こ》って何《なに》？
元太《げんた》たちは振《ふ》り子時計《こどけい》を知《し》らんのか？
うん。
この時計《とけい》は、振《ふ》り子《こ》が規則正《きそくただ》しいリズムで左右《さゆう》に振《ふ》れることによって、時《とき》を正確《せいかく》に刻《きざ》んでおるんじゃ。

F4-4

時計《とけい》の中《なか》は こんなふうに なっておるぞ。
振《ふ》り子《こ》の動《うご》き
重力《じゅうりょく》
重力《じゅうりょく》
振《ふ》り子《こ》が左右《さゆう》に 振《ふ》れるたび、時計《とけい》の 歯車《はぐるま》がひとつずつ 進《すす》んでいくのね！
振《ふ》り子時計《こどけい》には、イタリアのガリレオ・ガリレイが 1583年《ねん》に発見《はっけん》した 「振《ふ》り子《こ》の等時性《とうじせい》」という 性質《せいしつ》が使《つか》われておる。
つまり、重力《じゅうりょく》を利用《りよう》した時計《とけい》と 言《い》えるじゃろうな。
振《ふ》り子《こ》の等時性《とうじせい》に ついては、76ページと185ページの 「コナンに挑戦《ちょうせん》」を 読《よ》んでね。
さっ、みんな！ 時計《とけい》の話《はなし》は それくらいにして ……。
早《はや》く荷物《にもつ》を 置《お》いて、遊《あそ》びに 行《い》きましょ！
は〜い！

F4-5

ザッパァ
じー
キャッ
きゃっ
♪
でれでれ
はっ
じー
だらしない顔《かお》しちゃって……。
なっ、なんだよ灰原《はいばら》。
博士《はかせ》がビーチに集《あつ》まってくれって。
F4-6
タッタッ
はっ
はっ
はっ
あっ、丸川《まるかわ》さんだ。

あそこにいるのは金沢《かなざわ》さんと小泉《こいずみ》さん？
そうみたいだな。
あの3人《にん》——私《わたし》たちと同《おな》じホテルかしら？
ああ。飛行訓練《ひこうくんれん》も終《お》わって、出発前《しゅっぱつまえ》に一休《ひとやす》みって感《かん》じだな。
おせーぞコナン！
わりーわりー。
潮《しお》もひいてることじゃし、さっそくみんなで磯《いそ》の生《い》き物《もの》を観察《かんさつ》してみよう。
おーーっ！
よーし、オレが一番《いちばん》乗《の》りだ!!
これ元太《げんた》！走《はし》るとケガするぞ。
ダッ

F4-7

うわっ。
それ言《い》わんこっちゃない！
元太《げんた》、だいじょうぶか!?
い……今《いま》、そこにゴキブリがうじゃうじゃと！
それはフナムシという生《い》き物《もの》じゃよ。
ほっほっほっ
こういうヤツだな。
フナムシは海《かい》そうや魚《さかな》の死《し》がいなど、なんでも食《た》べてしまうから、
海《うみ》のそうじ屋《や》と呼《よ》ばれておるんじゃ。
イソギンチャク発見《はっけん》！
こっちはヒトデとカニがいましたよ。
うげっ。
この気持《きも》ち悪《わる》いのはなんだ!!
それはナマコじゃよ。
きみたちも海《うみ》へ行《い》ったら磯《いそ》でいろいろ観察《かんさつ》してみよう！
CHANNEL

F4-8

ねぇ見《み》て！こんなところで魚《さかな》が泳《およ》いでる！カワイイ！
これはどうやらクマノミの一種《いっしゅ》みたいですね。
今《いま》思《おも》ったんだけど、
お魚《さかな》さんと宇宙飛行士《うちゅうひこうし》って何《なに》か似《に》てる気《き》がしない？
そうですね……。
魚《さかな》たちは水《みず》の中《なか》に、宇宙飛行士《うちゅうひこうし》たちは宇宙空間《うちゅうくうかん》にういてますもんね。
実際《じっさい》、宇宙飛行士《うちゅうひこうし》たちは、とても大《おお》きなプールの中《なか》で宇宙遊泳《うちゅうゆうえい》の訓練《くんれん》をするそうよ。
プールの中《なか》をただよう感《かん》じが、宇宙空間《うちゅうくうかん》での感覚《かんかく》に似《に》てるんですって。
へぇ〜。
F4-9

なあ光彦《みつひこ》……。
なんですか？元太《げんた》くん。
この魚《さかな》、なんでこんな水《みず》たまりにいるんだ？
さあ？
きっと地元《じもと》の人《ひと》がこの水《みず》たまりで飼《か》ってるのでは？
……。
この魚《さかな》は潮《しお》がひいた時《とき》に、たまたまここに取《と》り残《のこ》されたのよ。
シオガヒク？
海《うみ》の中《なか》の塩《しお》が減《へ》って、しょっぱくなくなるのか？
シオガヒク？
………
そうじゃなくって……。
？
きょとん
は～～っ
おーい。
博士《はかせ》がそろそろ潮《しお》が満《み》ちてくるころだから、浜辺《はまべ》へもどってこいって。
おっけー。

F4-10

なぁ 博士《はかせ》……、
シオガヒクってどういう意味《いみ》？
うむ、良《よ》い質問《しつもん》じゃ。
今《いま》までいた磯《いそ》の方《ほう》をふり返《かえ》ってごらん。
あっ。
海《うみ》の水《みず》が増《ふ》えて磯《いそ》へ行《い》く道《みち》がしずんでる！
それは今《いま》が満潮《まんちょう》の時間《じかん》だからじゃ。
逆《ぎゃく》に、
潮《しお》がひいて海面《かいめん》の水位《すいい》が下《さ》がることを干潮《かんちょう》というんじゃよ。
満潮《まんちょう》
堤防《ていぼう》
干潮《かんちょう》
堤防《ていぼう》
どうして海《うみ》の水《みず》が増《ふ》えたり減《へ》ったりするの？

F4-11

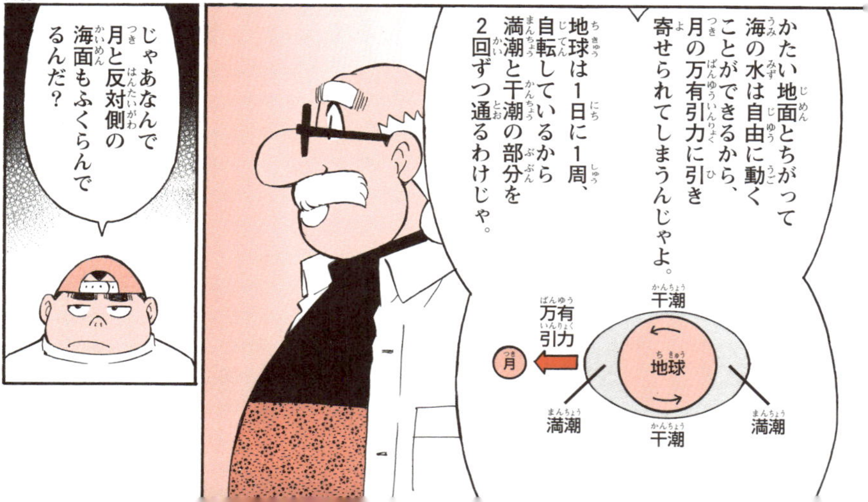
かたい地面《じめん》とちがって海《うみ》の水《みず》は自由《じゆう》に動《うご》くことができるから、月《つき》の万有引力《ばんゆういんりょく》に引《ひ》き寄《よ》せられてしまうんじゃよ。
地球《ちきゅう》は1日《にち》に1周《しゅう》、自転《じてん》しているから満潮《まんちょう》と干潮《かんちょう》の部分《ぶぶん》を2回《かい》ずつ通《とお》るわけじゃ。
干潮《かんちょう》
万有《ばんゆう》引力《いんりょく》
月《つき》
地球《ちきゅう》
満潮《まんちょう》
干潮《かんちょう》
満潮《まんちょう》
じゃあなんで月《つき》と反対側《はんたいがわ》の海面《かいめん》もふくらんでるんだ？

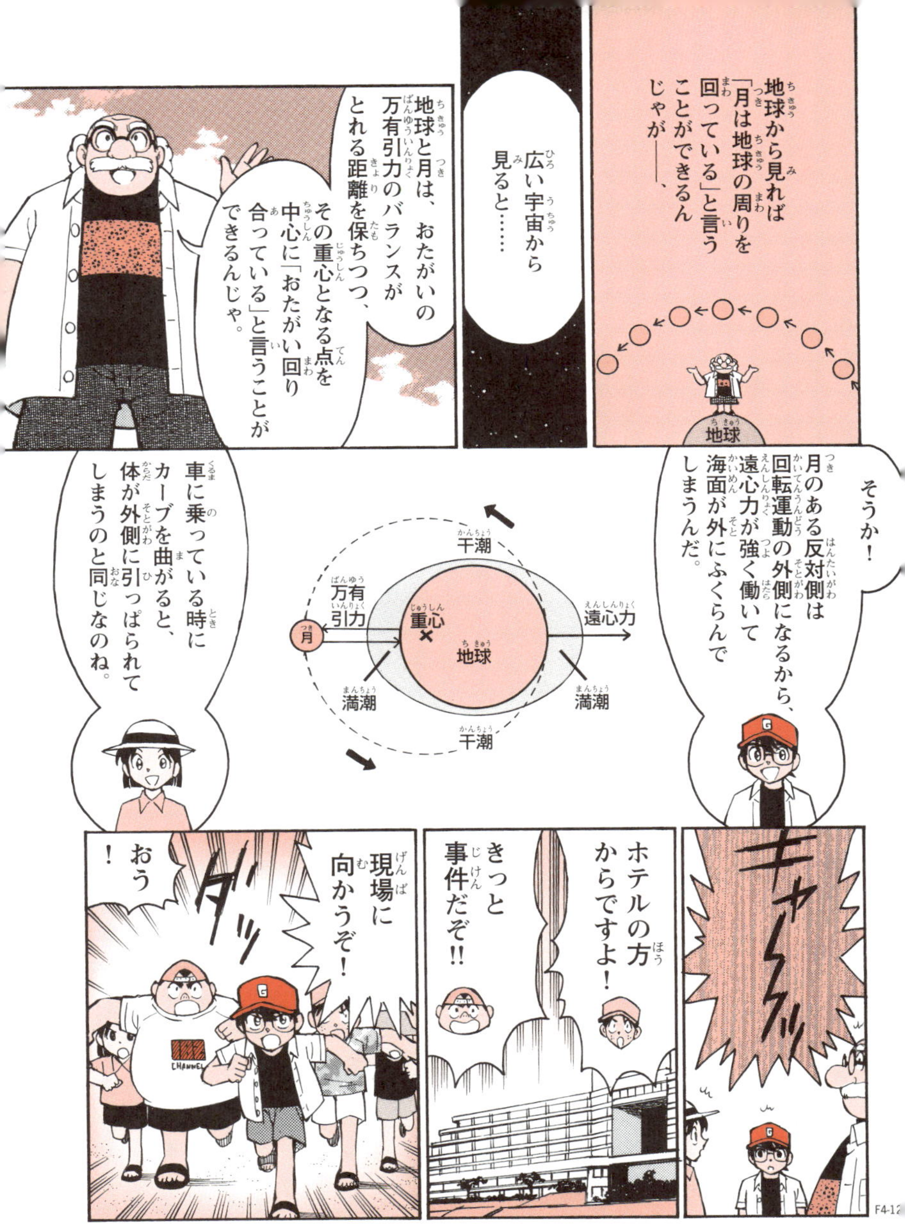

地球《ちきゅう》から見《み》れば「月《つき》は地球《ちきゅう》の周《まわ》りを回《まわ》っている」と言《い》うことができるんじゃが――、
地球《ちきゅう》
広《ひろ》い宇宙《うちゅう》から見《み》ると……
地球《ちきゅう》と月《つき》は、おたがいの万有引力《ばんゆういんりょく》のバランスがとれる距離《きょり》を保《たも》ちつつ、
その重心《じゅうしん》となる点《てん》を中心《ちゅうしん》に「おたがい回《まわ》り合《あ》っている」と言《い》うことができるんじゃ。
そうか！
月《つき》のある反対側《はんたいがわ》は回転運動《かいてんうんどう》の外側《そとがわ》になるから、遠心力《えんしんりょく》が強《つよ》く働《はたら》いて海面《かいめん》が外《そと》にふくらんでしまうんだ。
干潮《かんちょう》
万有《ばんゆう》
引力《いんりょく》
重心《じゅうしん》
月《つき》
地球《ちきゅう》
遠心力《えんしんりょく》
満潮《まんちょう》
満潮《まんちょう》
干潮《かんちょう》
車《くるま》に乗《の》っている時《とき》にカーブを曲《ま》がると、体《からだ》が外側《そとがわ》に引《ひ》っぱられてしまうのと同《おな》じなのね。
キャーッ
ホテルの方《ほう》からですよ！
きっと事件《じけん》だぞ!!
現場《げんば》に向《む》かうぞ！
おう！
ダッ
CHANNEL

F4-12

コナンに挑戦《ちょうせん》！

振《ふ》り子《こ》の「等時性《とうじせい》」ってなんだろう？

ペットボトルで振《ふ》り子《こ》を作《つく》り、実験《じっけん》をしよう。はたしてキミは、この謎《なぞ》を解《と》けるかな？

用意《ようい》するもの

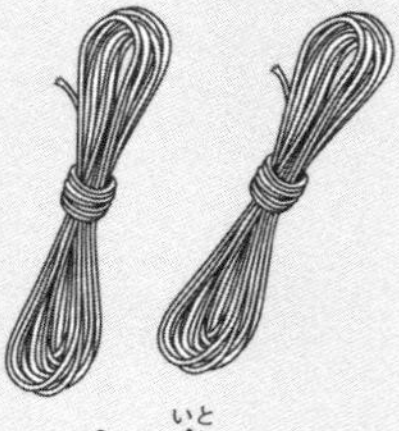

タコ糸《いと》

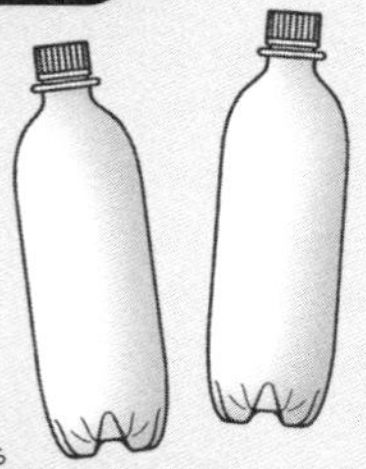

空《から》のペットボトル（500mℓ）×2本《ほん》

1 ペットボトルとタコ糸《いと》で振《ふ》り子《こ》を作《つく》ろう

ペットボトルを水《みず》で満《み》たし、重《おも》りを2つ作《つく》ろう。それぞれ、ふたをしめた首《くび》のところに長《なが》さ1mのタコ糸《いと》を結《むす》び、もう一方《いっぽう》のはしを鉄棒《てつぼう》に結《むす》ぶ（2本《ほん》の糸《いと》は同《おな》じ長《なが》さにすること！）。これで振《ふ》り子《こ》の完成《かんせい》だ。

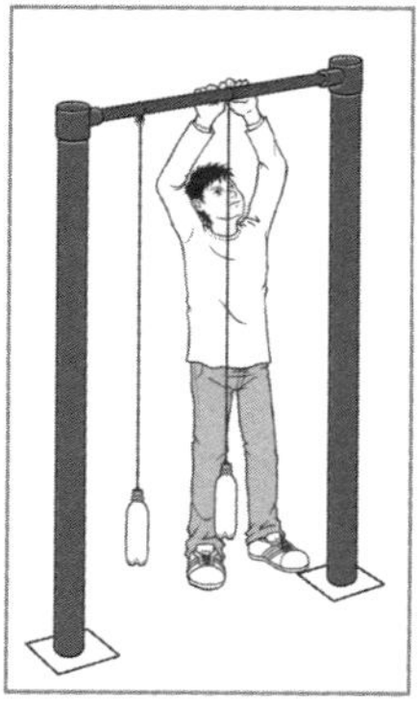

ここで問題《もんだい》

2つの振《ふ》り子《こ》を一方《いっぽう》は5°、もう一方《いっぽう》は20°の角度《かくど》をつけてゆらしてみよう。すると、2つの振《ふ》り子《こ》が一往復《いちおうふく》するのに必要《ひつよう》な時間《じかん》はどちらが短《みじか》くなるだろうか？　答《こた》えは185ページだよ。

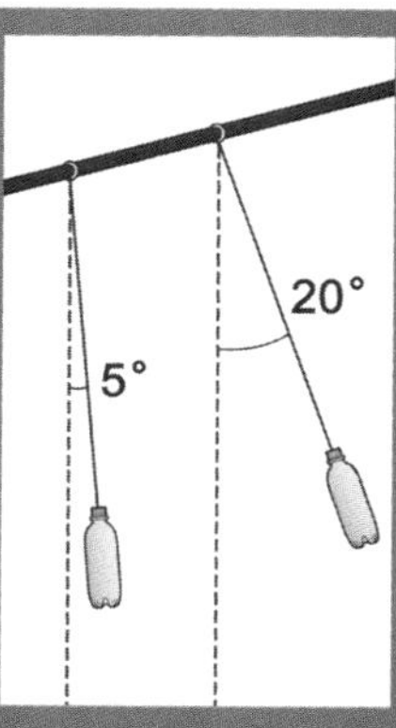

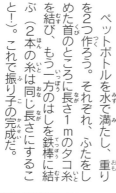

「無重力《むじゅうりょく》」と「無重量《むじゅうりょう》」

宇宙船《うちゅうせん》の中《なか》でも、地球《ちきゅう》からの重力《じゅうりょく》はなくなっていない！

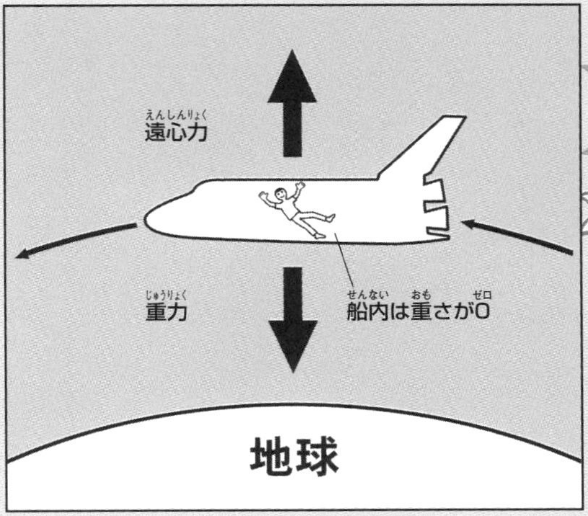

図《ず》のように、地球《ちきゅう》の重力《じゅうりょく》と宇宙船《うちゅうせん》の遠心力《えんしんりょく》がおたがいを打《う》ち消《け》しあうため、宇宙船《うちゅうせん》の中《なか》は「無重量《むじゅうりょう》」になる。

物《もの》語《がたり》の中《なか》では、宇宙《うちゅう》へ行《い》った宇宙船《うちゅうせん》の中《なか》で重《おも》さがなくなることを「無《む》重力《じゅうりょく》」と言《い》っているけど、最近《さいきん》は「無重量《むじゅうりょう》」という言《こと》葉《ば》を使《つか》うことが多《おお》い。それは、どうしてなんだろう？

例《たと》えば、車《くるま》がカーブを曲《ま》がる時《とき》、乗《の》っている人《ひと》はカーブの外側《そとがわ》に押《お》されるように感《かん》じる。これは「遠心力《えんしんりょく》」と呼《よ》ばれる力《ちから》だ。同《おな》じように、地球《ちきゅう》を回《まわ》る宇宙船《うちゅうせん》でも、重力《じゅうりょく》と逆《ぎゃく》の方向《ほうこう》に遠心力《えんしんりょく》が働《はたら》いている。そして、この遠心力《えんしんりょく》が地球《ちきゅう》の重力《じゅうりょく》とちょうど同《おな》じ大《おお》きさになるので、重力《じゅうりょく》が打《う》ち消《け》され、見《み》かけ上《じょう》は重《おも》さがなくなってしまったようになるんだ。

「無重力《むじゅうりょく》」という言葉《ことば》を使《つか》うと、地球《ちきゅう》からの重力《じゅうりょく》がなくなってしまうようにカンちがいしてしまいやすい。だから「重《おも》さだけがなくなる」という意味《いみ》で、「無重《むじゅう》量《りょう》」という言葉《ことば》を使《つか》うようになってきているんだ。

FILE《ファイル》 5 ホテルで第二《だいに》の事件発生《じけんはっせい》!!

悲鳴《ひめい》を聞《き》きつけてホテルへかけつけたコナンが見《み》たものは!? 宇宙船《うちゅうせん》WISH《ウィッシュ》の打《う》ち上《あ》げを目前《もくぜん》にひかえ、次《つぎ》つぎと起《お》こる怪事件《かいじけん》……真犯人《しんはんにん》はだれだ!!

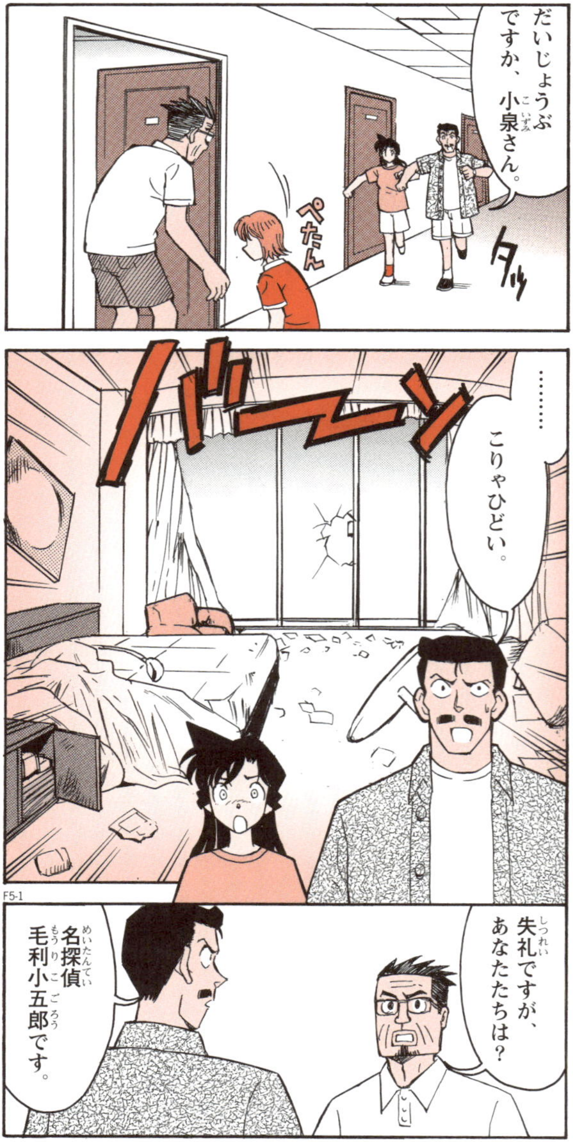
だいじょうぶですか、小泉《こいずみ》さん。
ぺたん
タッ
バターン
………
こりゃひどい。
失礼《しつれい》ですが、あなたたちは？
名探偵《めいたんてい》毛利小五郎《もうりこごろう》です。

F5-1

ええ!? あなたが
あの有名《ゆうめい》な!
………
名探偵《めいたんてい》……。
てれてれっ
いや〜、そんな有名《ゆうめい》ですかね〜。
お父《とう》さん!
おっと……そんなことより、この状況《じょうきょう》はいったい?
……はい、こちらの金沢《かなざわ》さんとお話《はなし》しながらビーチからもどってきたらこんなことに……。
何《なに》か盗《ぬす》まれた物《もの》は?
……そうですね、盗《ぬす》まれた物《もの》はないみたいです……。
あっ!!

F5-2

私《わたし》の衣装《いしょう》が!!
ズタズタ……ひどい……。
蘭《らん》ねーちゃん。
コナンくん。
……なんにせよこれは悪質《あくしつ》なイタズラですね。地元《じもと》の警察《けいさつ》に連絡《れんらく》しましょう。
やれやれ、またあなたですか、毛利《もうり》さん……。
綾小路《あやのこうじ》社長《しゃちょう》!!
この前《まえ》も申《もう》し上《あ》げた通《とお》り、余計《よけい》な口出《くちだ》しは無用《むよう》!
警察《けいさつ》ざたになってマスコミにさわがれたら困《こま》るんですよ。
F5-3

いや、しかし……。
社長《しゃちょう》。
やはり今回《こんかい》もこんなことに……。
私《わたし》と向山《むかいやま》くんが何度《なんど》も忠告《ちゅうこく》した通《とお》り警察《けいさつ》に通報《つうほう》していれば……。
いったいどういうことですか？
実《じつ》は……、
私《わたし》あてにこんなものが……。
なんでアナタがえらばれたのよ！
きょうはく状《じょう》!!
――どうやら宇宙中継《うちゅうちゅうけい》のレポーターに小泉《こいずみ》さんが選《えら》ばれたことを逆《さか》うらみしての犯行《はんこう》……のようですね。

F5-4

きっと私《わたし》をねたむ女性《じょせい》タレントの仕業《しわざ》にちがいありません！
……うーむ。
社長《しゃちょう》……こんなものまで届《とど》いていたのに、なぜ警察《けいさつ》に知《し》らせなかったんですか？
そんな文面《ぶんめん》だけできょうはく状《じょう》だと分《わ》かるわけないでしょう。
……いちおう警備《けいび》の強化《きょうか》は指示《しじ》しておきます。
くれぐれも警察《けいさつ》を呼《よ》ばないように!!
社長《しゃちょう》……。
スタスタ
……ぬぅ。
毛利《もうり》さん。
今《いま》、向山《むかいやま》くんに周辺《しゅうへん》をチェックさせてます。不審者《ふしんしゃ》がいれば、発見《はっけん》されると思《おも》うんですが……。
ほほー。

こりゃまた
ハデにやられたな〜。
ニヤニヤ
丸川《まるかわ》さん。
ムスッ
何《なに》、この人《ひと》？
感《かん》じ悪《わる》〜い。
丸川《まるかわ》さん、今《いま》までどこに？
ランニングからもどって、シャワーを浴《あ》びてましたよ。
じゃあ、シャワーの音《おと》で小泉《こいずみ》さんの悲鳴《ひめい》は……。
ああ、聞《き》こえなかったよ。
ただ……その代《か》わりと言《い》ってはなんだが、
バスルームから出《で》たら、窓《まど》の外《そと》に変《へん》なロープがぶら下《さ》がってたんで様子《ようす》を見《み》に来《き》たんだが……。
変《へん》なロープ!?
F5-6

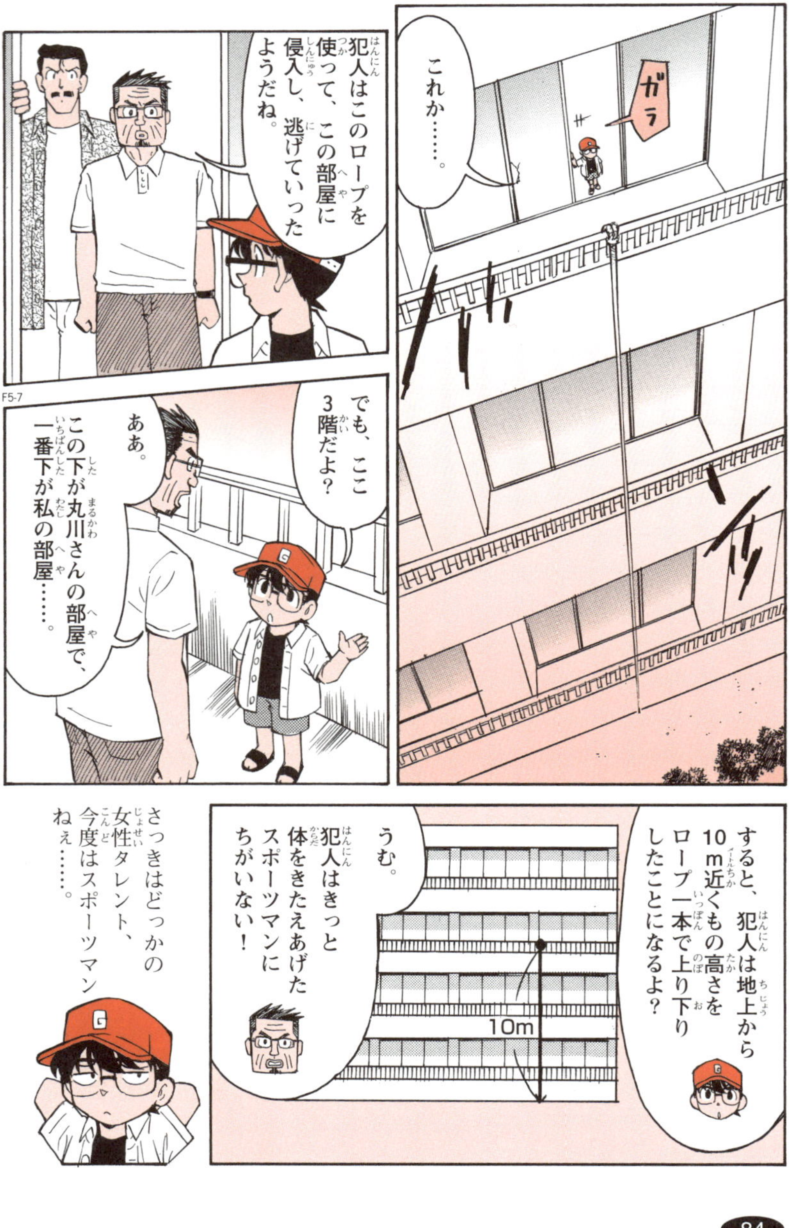

これか……。
ガラ
犯人《はんにん》はこのロープを使《つか》って、この部屋《へや》に侵入《しんにゅう》し、逃《に》げていったようだね。
F5-7
でも、ここ3階《かい》だよ？
ああ。この下《した》が丸川《まるかわ》さんの部屋《へや》で、一番下《いちばんした》が私《わたし》の部屋《へや》……。
すると、犯人《はんにん》は地上《ちじょう》から10m《メートル》近《ちか》くもの高《たか》さをロープ一本《いっぽん》で上《のぼ》り下《お》りしたことになるよ？
10m
うむ。犯人《はんにん》はきっと体《からだ》をきたえあげたスポーツマンにちがいない！
さっきはどっかの女性《じょせい》タレント、今度《こんど》はスポーツマンねえ……。

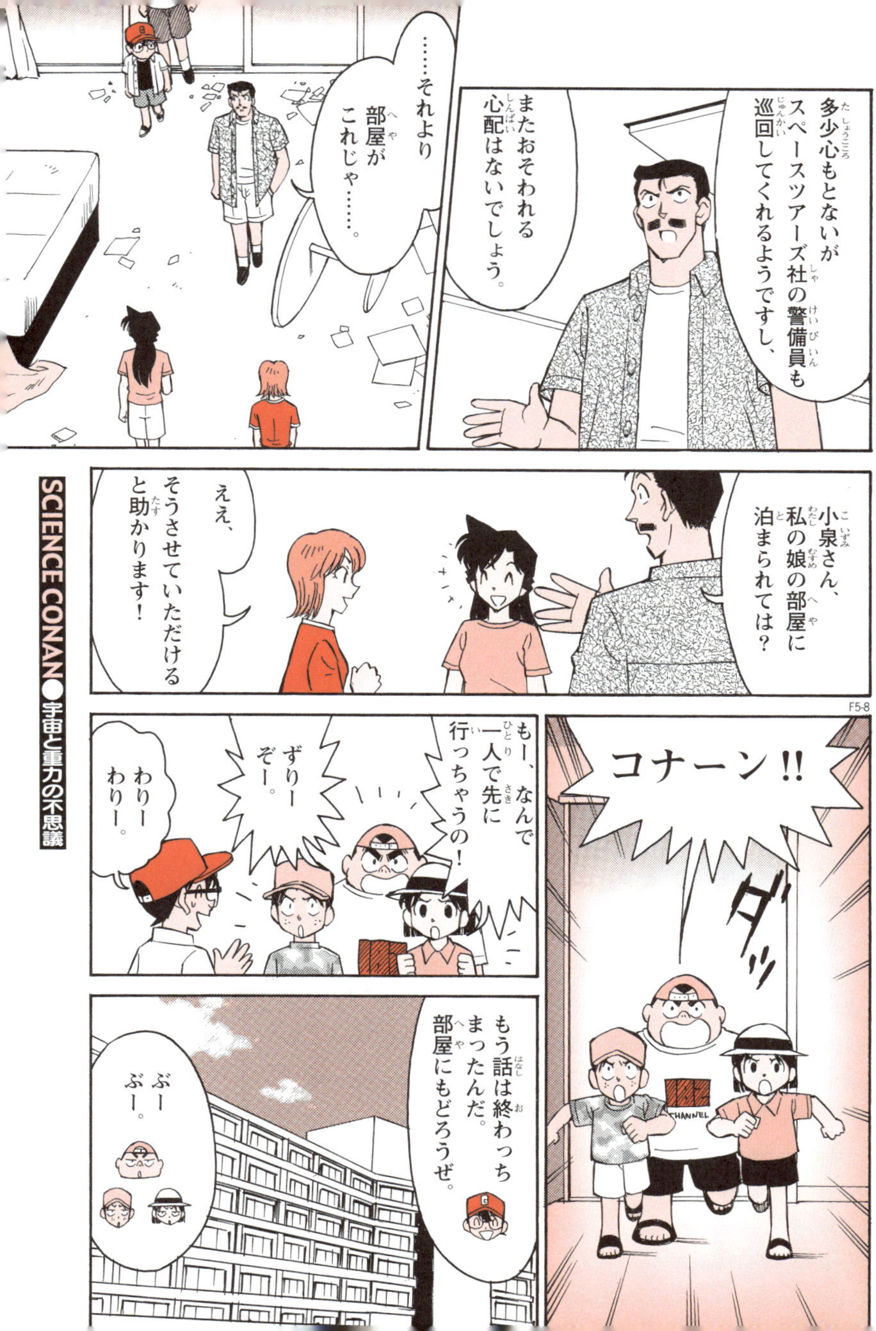

多少心《たしょうこころ》もとないが
スペースツアーズ社《しゃ》の警備員《けいびいん》も
巡回《じゅんかい》してくれるようですし、
またおそわれる
心配《しんぱい》はないでしょう。
……それより
部屋《へや》が
これじゃ……。
小泉《こいずみ》さん、
私《わたし》の娘《むすめ》の部屋《へや》に
泊《と》まられては？
ええ、
そうさせていただける
と助《たす》かります！
コナーン!!
ダッ
もー、なんで
一人《ひとり》で先《さき》に
行《い》っちゃうの！
ずりー
ぞー。
わりー
わりー。
もう話《はなし》は終《お》わっち
まったんだ。
部屋《へや》にもどろうぜ。
ぶー
ぶー。

F5-8

コナンはいつも抜《ぬ》けがけするんだよな。
201
そーよそーよ。
そんなことより打《う》ち上《あ》げは3日後《かご》だぞ。早《はや》く実験《じっけん》アイディアを考《かんが》えちまおーぜ。
ま、それもそーだな。
昼間《ひるま》、博士《はかせ》から教《おそ》わった「潮《しお》の満《み》ち干《ひ》」。あれ、使《つか》えない？
それより「月《つき》と地球《ちきゅう》」を実験《じっけん》で再現《さいげん》できませんかね？
ねー、さっきのはどういうこと？
ヒソヒソ
ああ、実《じつ》は……。
——ってことなんだ。
ふーん。
ヒソヒソ
あやしい人《ひと》が多過《おおす》ぎてだれが犯人《はんにん》か分《わ》からないけど……、私《わたし》、ひとつだけ分《わ》かったことがあるわ。
なんだ？

F5-9

きっとイベント会場《かいじょう》で「星《ほし》のなみだ」が盗《ぬす》まれた時《とき》も、きょうはく状《じょう》が届《とど》いてたのよ。
だから……。
そうか！
あの時《とき》も向山《むかいやま》さんは会場《かいじょう》のパトロールをしてたんだ。
2つの事件《じけん》に共通《きょうつう》するのは、わざとさわぎになることを狙《ねら》っているとしか思《おも》えない点《てん》ね。
ヒソヒソ
ヒソヒソ
うん、その推理《すいり》が正《ただ》しければ犯人《はんにん》はあの人《ひと》たち……。
あとは証拠《しょうこ》と、犯人《はんにん》の本当《ほんとう》の狙《ねら》いが何《なに》かだな……。
コナン!!
F5-10
え!? ああ……何《なに》？
この実験《じっけん》アイディアはどうかって聞《き》いてるんだよっ。
も〜。
うん……、いけるんじゃないか？
CHANNEL
よしっ、じゃあ若井《わかい》さんたちに見《み》せに行《い》こうぜ！
おうっ！

みのりヶ島《しま》スペースセンター
宇宙船《うちゅうせん》WISH《ウイッシュ》打《う》ち上《あ》げ当日《とうじつ》──。
やあ、みんなっ。
あっ、若井《わかい》さん。
面白《おもしろ》い実験《じっけん》を考《かんが》えてくれてありがとう。
これで宇宙《うちゅう》からの中継《ちゅうけい》は大成功《だいせいこう》まちがいなしだよ。
ほんとですか？やったー!!
でも若井《わかい》さん……。
事件《じけん》はまだ未解決《みかいけつ》だし、宇宙《うちゅう》で何《なに》が起《お》こるか分《わ》からないから、気《き》をつけてください。
ありがとう！
でも、私《わたし》と向山《むかいやま》くんは宇宙《うちゅう》での経験《けいけん》が豊富《ほうふ》だから心配《しんぱい》いらないよ。
F5-11

じゃ、行《い》ってくるよ。
……。
はー
金沢《かなざわ》さん、どうしたの？はりきっていきましょーよ！
いよいよ打《う》ち上《あ》げだな。
目《め》の前《まえ》で見《み》られるなんて、感激《かんげき》です。
わー
わー
綾小路《あやのこうじ》社長《しゃちょう》！
小泉《こいずみ》さんの衣装《いしょう》が切《き》られた件《けん》についてコメントを！
わー
わー
下《さ》がって、下《さ》がって。
ちっ。どこから情報《じょうほう》がもれたんだ……。
F5-12
あの人《ひと》がマスコミに情報《じょうほう》を流《なが》したんだな……。
ゴゴゴゴゴ
何《なに》も起《お》こらなきゃいいけど……。
そして舞台《ぶたい》は宇宙《うちゅう》へ――!!

キミも実験《じっけん》!

キミにもできる「無重量《むじゅうりょう》」の観察《かんさつ》

わざわざ宇宙《うちゅう》へ行《い》かなくても、カンタンに「無重量《むじゅうりょう》」を体験《たいけん》できるよ!

用意《ようい》するもの

プラスチック製《せい》の容器《ようき》

① プラスチックの容器《ようき》を用意《ようい》しよう

お弁当《べんとう》などに入《い》れる、図《ず》のようなプラスチック製《せい》の容器《ようき》を用意《ようい》しよう。容器《ようき》がない場合《ばあい》は、ラベルをはがした500 mlのペットボトルでもOK《オーケー》だ。

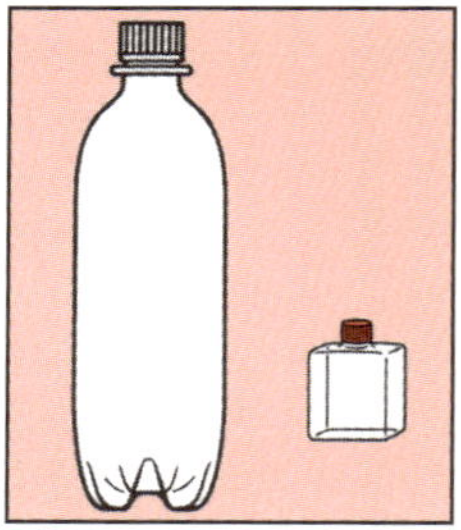

② 容器《ようき》に水道《すいどう》の水《みず》を入《い》れよう

容器《ようき》(またはペットボトル)の中《なか》に、水道水《すいどうすい》を入《い》れよう。容器《ようき》を横《よこ》にした時《とき》、上《うえ》の方《ほう》に少《すこ》しだけ空気《くうき》が残《のこ》るくらいに水《みず》を入《い》れるのがコツだ。

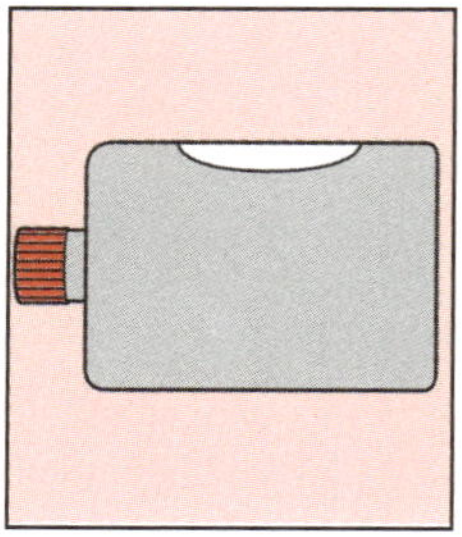

③ 手《て》に持《も》ってジャンプしてみよう

横《よこ》にした容器《ようき》を目《め》の高《たか》さに持《も》ったまま、垂直《すいちょく》にジャンプしてみよう。その時《とき》の、空気《くうき》のあわの変《へん》化《か》に注目《ちゅうもく》!(足《あし》をくじかないようにね。)

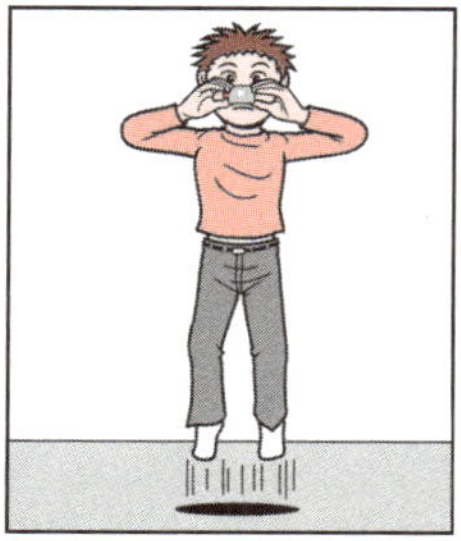

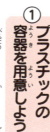

④ 空気《くうき》のあわの変化《へんか》を観察《かんさつ》しよう

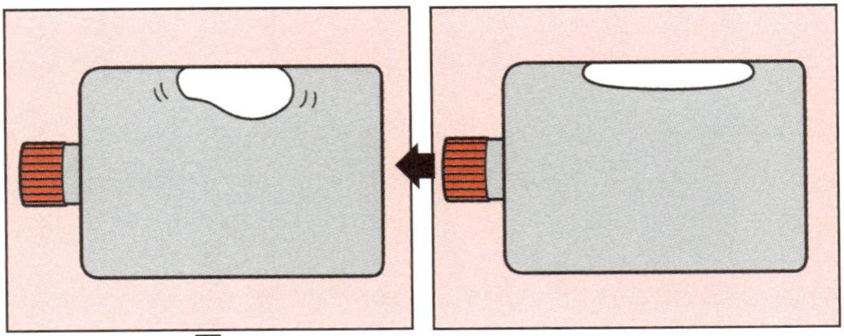

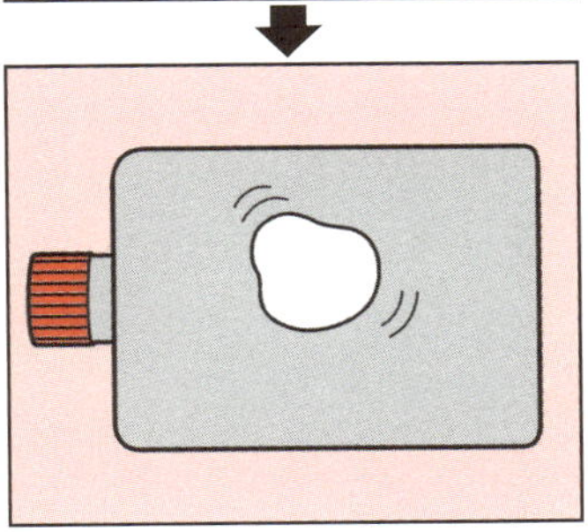

キミがジャンプすると、水《みず》の中《なか》の空気《くうき》はボールのように丸《まる》くなり、下《した》へしずみ始《はじ》めるだろう。重要《じゅうよう》なのは、あわが丸《まる》くなる点《てん》だ。宇宙《うちゅう》へ行《い》くと、水《みず》や空気《くうき》は表面張力《ひょうめんちょうりょく》の働《はたら》きで、安定《あんてい》した球形《きゅうけい》になろうとする性質《せいしつ》がある。つまり、あわが丸《まる》くなったことこそキミが無重量《むじゅうりょう》になったことの証明《しょうめい》なのだ。

地面《じめん》からはなれた瞬間《しゅんかん》にキミは無重量《むじゅうりょう》になっている

実験《じっけん》で証明《しょうめい》した通《とお》り、地面《じめん》からジャンプしたキミの体《からだ》は無重量《むじゅうりょう》になっている。ジャンプして上《うえ》へあがりきった時《とき》に、無重量《むじゅうりょう》になったとカンちがいしがちだが、そうではなくて、両足《りょうあし》が地面《じめん》からはなれた瞬《しゅん》間《かん》から、キミの体《からだ》は無《む》重量《じゅうりょう》になっているんだ。

例《たと》えば、こんな実験《じっけん》をしたとしよう。5キロの荷物《にもつ》をくくりつけた体重計《たいじゅうけい》を用意《ようい》して、それを地面《じめん》に置《お》けば、体重計《たいじゅうけい》の目盛《めも》りは「5kg」と表示《ひょうじ》される。では、その体重計《たいじゅうけい》を手《て》に持《も》ってから、下《した》へ落《お》としたらどうなるだろうか？　落《お》ちている間《あいだ》、体重計《たいじゅうけい》の目盛《めも》りは「0kg」、すなわち荷物《にもつ》が無《む》重量《じゅうりょう》になったことを示《しめ》している（体重計《たいじゅうけい》がこわれてしまうから、この実験《じっけん》を本当《ほんとう》にはやらないでね）。このように地面《じめん》や手《て》からはなれた瞬間《しゅんかん》、キミも荷物《にもつ》も無《む》重量《じゅうりょう》になっているよ。

CD《シーディー》エアホッケー

CD《シーディー》を使《つか》って、宇宙船《うちゅうせん》が宇宙《うちゅう》で進《すす》む仕組《しく》みを学《まな》ぼう!

用意《ようい》するもの

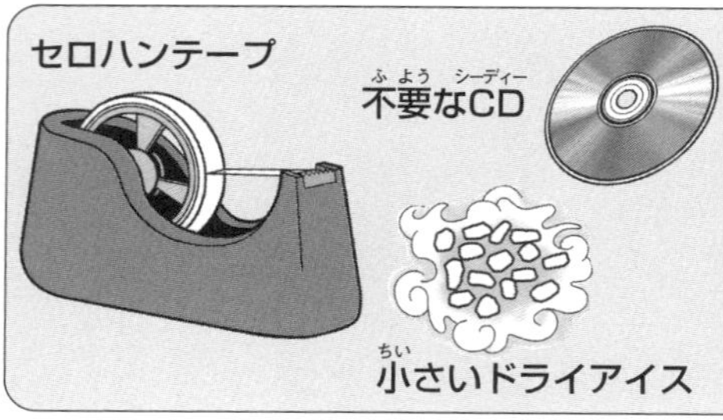

① CD《シーディー》を机《つくえ》の上《うえ》ですべらせてみよう

学校《がっこう》の理科室《りかしつ》の机《つくえ》のように、表面《ひょうめん》がなるべく平《たい》らな机《つくえ》の上《うえ》でCD《シーディー》をすべらせてみよう。机《つくえ》のはしからちょっとだけCD《シーディー》を出《だ》し、手《て》のひらでポンとおしてね。

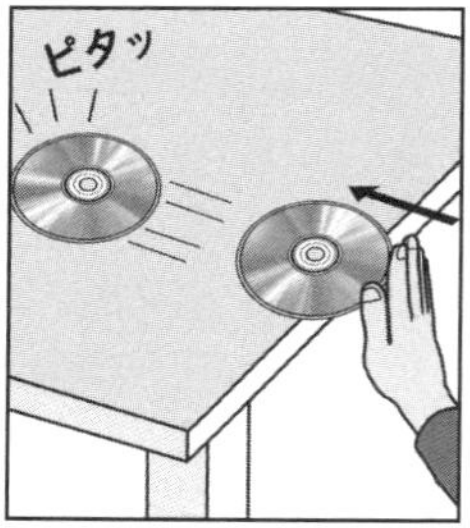

② CD《シーディー》の穴《あな》をテープでふさごう

きっと、穴《あな》があいたままのCD《シーディー》では、あまり机《つくえ》の上《うえ》をすべらなかったはずだ。そこで今度《こんど》は、CD《シーディー》の真《ま》ん中《なか》の穴《あな》をセロハンテープでふさいでみよう。

③ エアホッケーのようになった!

穴《あな》をふさいだCD《シーディー》は、まるでゲームのエアホッケーのように、机《つくえ》の上《うえ》をすべっていく。なぜこうなるのかは、左《ひだり》のページの説明《せつめい》を読《よ》んでね。

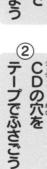

④ドライアイスでもやってみよう！

ドライアイスを用意《ようい》したら、細《こま》かいツブにしてから、下《した》じきの上《うえ》で、おはじきのようにはじいてみよう。やはりエアホッケーのように、なめらかにすべっていくよ（ドライアイスはにぎったりしないように注意《ちゅうい》してね）。

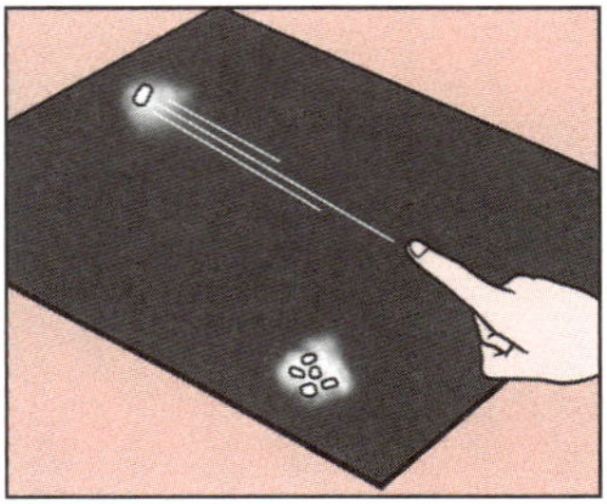

穴《あな》をふさいだCD《シーディー》がすべるように進《すす》むのはなぜ？

宇宙船《うちゅうせん》は、「慣性《かんせい》」によって地球《ちきゅう》を回《まわ》り続《つづ》けている。「慣性《かんせい》」とは、物体《ぶったい》がその運動《うんどう》の状態《じょうたい》を続《つづ》けようとする性質《せいしつ》のこと。つまり、何《なん》らかの力《ちから》が加《くわ》わらない限《かぎ》り、止《と》まっている物《もの》はずっと止《と》まっていようとするし、動《うご》いている物《もの》はずっと同《おな》じ速《はや》さで動《うご》こうとするんだ。宇《う》宙《ちゅう》では、運動《うんどう》をじゃまする空気《くうき》がないから、宇宙船《うちゅうせん》はいつまでも慣《かん》性《せい》で動《うご》くことができる。

一方《いっぽう》、キミが最初《さいしょ》に穴《あな》の開《あ》いたCD《シーディー》で試《ため》した時《とき》は、CD《シーディー》と机《つくえ》の摩《ま》擦《さつ》がブレーキになって、CD《シーディー》はすぐに止《と》まってしまった。でも、穴《あな》をふさぐことによって、動《うご》きだしたCD《シーディー》と机《つくえ》の間《あいだ》にはうすい空気《くうき》のまくができるから、ほぼ摩《ま》擦《さつ》がなくなって、より長《なが》い距離《きょり》を慣性《かんせい》で動《うご》くことができたんだ。

ドライアイスもガスでういているから、摩《ま》擦《さつ》が少《すく》ないんだよ。

穴《あな》が開《あ》いている場合《ばあい》

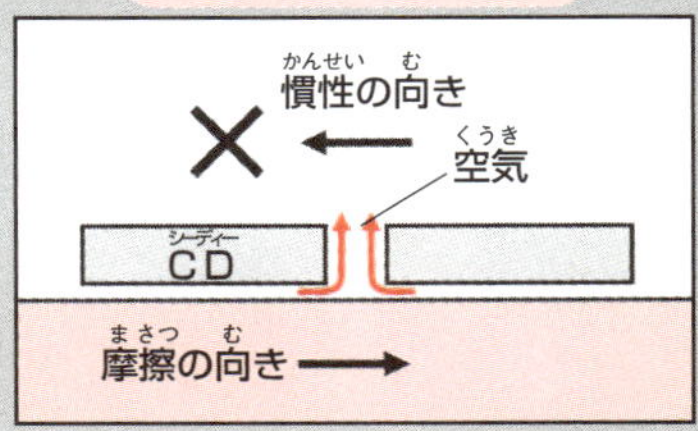

穴《あな》をふさいだ場合《ばあい》

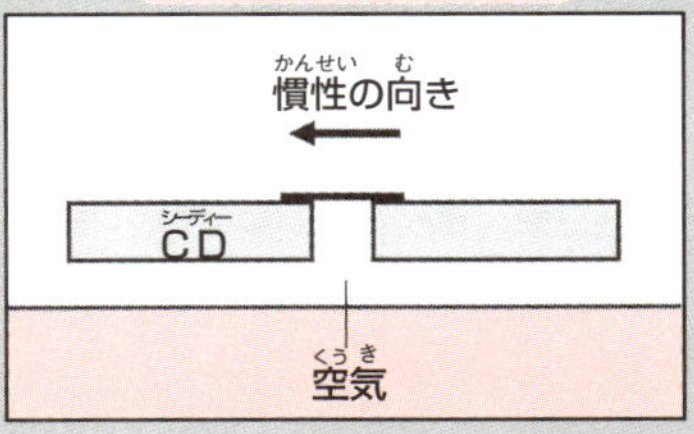

FILE《ファイル》 6 宇宙船《うちゅうせん》WISH《ウィッシュ》で公開実験《こうかいじっけん》!!

ついに宇宙船《うちゅうせん》WISH《ウィッシュ》は宇宙《うちゅう》へ! ところで、元太《げんた》や光彦《みつひこ》たちが考《かんが》えた「無重力《むじゅうりょく》の不思議《ふしぎ》についての実験《じっけん》」って、いったいどんな内容《ないよう》なんだろう?

ゴオオオオ・・・
あっ。
フワッ
無重力《むじゅうりょく》になってるわ!
ついに宇宙《うちゅう》へやって来《き》たのね。
みなさん、窓《まど》の外《そと》を見《み》てください。
一生忘《いっしょうわす》れられないすばらしい眺《なが》めですよ。

F6-1

すげー!!
本当《ほんとう》に宇宙《うちゅう》に来《き》たんだなー。
ふ……、
一生《いっしょう》忘《わす》れられない眺《なが》め……か。
宇宙《うちゅう》はもう身近《みぢか》な世界《せかい》なのね。
あと10年《ねん》もしたら、気軽《きがる》に月《つき》まで行《い》けるのかしら。
そうかもな。
そうしたら、月《つき》へ行《い》く時《とき》も一緒《いっしょ》だぜ、純《じゅん》ちゃん♡
F6-2
私《わたし》にとっては、これがめいどの土産《みやげ》ってとこだな……。
さあ、そろそろテレビ中継《ちゅうけい》の時間《じかん》ですよ。
準備《じゅんび》を始《はじ》めましょう。

そろそろ中継《ちゅうけい》が始《はじ》まるころだな。
ジャーン
近日発売！
わ～、楽《たの》しみ～♡
パッ
ハーイ、みなさんこんにちは！小泉《こいずみ》純《じゅん》でーす！
私《わたし》はついに宇宙《うちゅう》に来《き》てしまいました！
見《み》てください、この地球《ちきゅう》の姿《すがた》を！
とってもきれいね～。
F6-3

今日《きょう》はこれから米花市《べいかし》の小学生《しょうがくせい》が考《かんが》えてくれた無重力《むじゅうりょく》の実験《じっけん》を紹介《しょうかい》します。
そう——、この実験《じっけん》を考《かんが》えてくれたのは……。
パッ
帝丹小学校《ていたんしょうがっこう》、少年探偵団《しょうねんたんていだん》のみなさんです！
あっ！ぼくたちがテレビに!!
カメラマンだ!!
くいっ
やばい！帽子《ぼうし》でかくせ。
サッ
分《わ》かってる……。

F6-4

こんにちは！
帝丹小一年《ていたんしょういちねん》の吉田歩美《よしだあゆみ》です！
こ……、
小嶋元太《こじまげんた》で……す……。
円谷光彦《つぶらやみつひこ》です。
灰原《はいばら》です。
ボソボソ
江戸川《えどがわ》コナンです。
黒《くろ》ずくめの組織《そしき》に見《み》られてないことをいのるしかないわね。
ああ……。
う～ん、みんなちょっとキンチョーしてるみたいね。
それでは、少年探偵団《しょうねんたんていだん》のみんなが考《かんが》えてくれた無重力実験《むじゅうりょくじっけん》「月《つき》と地球《ちきゅう》」を始《はじ》めましょう。
若井《わかい》さん、お願《ねが》いします。
はい。この球《たま》を使《つか》うんですが、
まず実験《じっけん》について説明《せつめい》しましょう。

F6-5

今回《こんかい》の実験《じっけん》のために
私《わたし》たちはこんな道具《どうぐ》を
用意《ようい》しました。
あの大《おお》きな球《たま》が
地球《ちきゅう》を、そして
この小《ちい》さな球《たま》は月《つき》を
表《あらわ》しています。
この2つの球《たま》を使《つか》って、
月《つき》と地球《ちきゅう》の関係《かんけい》を
再現《さいげん》するわけですね？
ええ。
見《み》てください。
パッ
ここは宇宙《うちゅう》だから
手《て》をはなしても
風船《ふうせん》みたいに
浮《う》かんでますが……。
フワ
フワ
この球《たま》、実《じつ》はもっと
ずーっと重《おも》たいん
ですよ！

F6-6

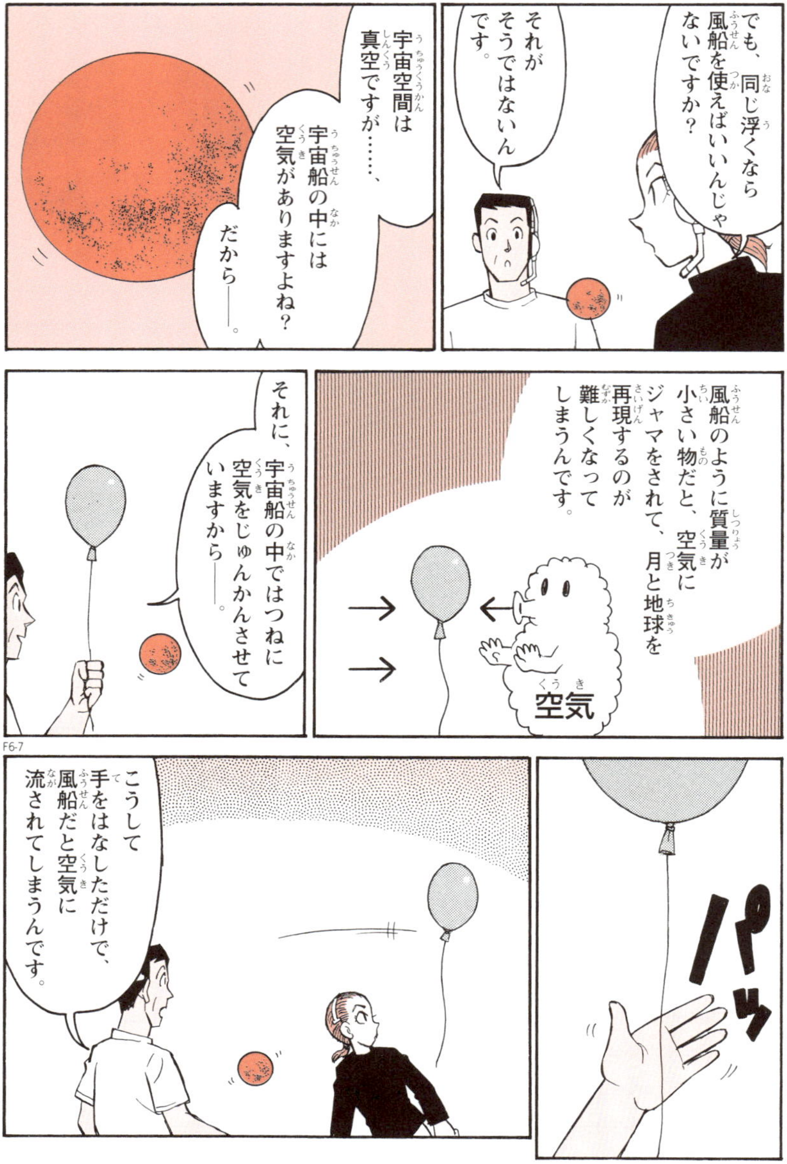
でも、同《おな》じ浮《う》くなら風船《ふうせん》を使《つか》えばいいんじゃないですか？
それがそうではないんです。
宇宙空間《うちゅうくうかん》は真空《しんくう》ですが……、
宇宙船《うちゅうせん》の中《なか》には空気《くうき》がありますよね？
だから――。
風船《ふうせん》のように質量《しつりょう》が小《ちい》さい物《もの》だと、空気《くうき》にジャマをされて、月《つき》と地球《ちきゅう》を再現《さいげん》するのが難《むずか》しくなってしまうんです。
空気《くうき》
それに、宇宙船《うちゅうせん》の中《なか》ではつねに空気《くうき》をじゅんかんさせていますから――。
パッ
こうして手《て》をはなしただけで、風船《ふうせん》だと空気《くうき》に流《なが》されてしまうんです。

F6-7

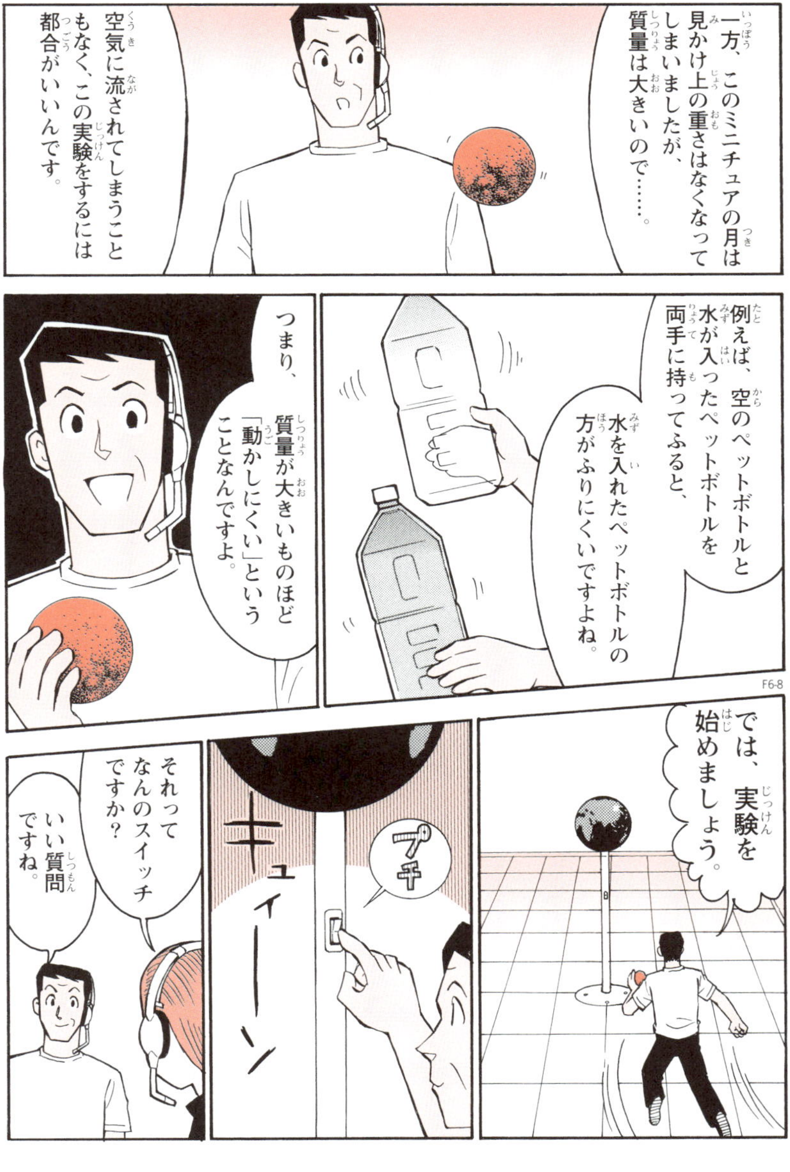
一方《いっぽう》、このミニチュアの月《つき》は見《み》かけ上《じょう》の重《おも》さはなくなってしまいましたが、質量《しつりょう》は大《おお》きいので……。
空気《くうき》に流《なが》されてしまうこともなく、この実験《じっけん》をするには都合《つごう》がいいんです。
例《たと》えば、空《から》のペットボトルと水《みず》が入《はい》ったペットボトルを両手《りょうて》に持《も》ってふると、
水《みず》を入《い》れたペットボトルの方《ほう》がふりにくいですよね。
つまり、質量《しつりょう》が大《おお》きいものほど「動《うご》かしにくい」ということなんですよ。
F6-8
では、実験《じっけん》を始《はじ》めましょう。
プチ
キュイーーン
それってなんのスイッチですか?
いい質問《しつもん》ですね。

でもその質問《しつもん》にお答《こた》えする前《まえ》に、
みなさん、電気《でんき》にはプラスとマイナスがあることをごぞんじですか？
磁石《じしゃく》のS《エス》、N《エヌ》と同《おな》じように、プラス同士《どうし》、またはマイナス同士《どうし》の電気《でんき》は反発《はんぱつ》しあい、
プラスとマイナスの電気《でんき》はたがいに引《ひ》き寄せあうんです。
プラス ＋
プラス ＋
マイナス −
マイナス −
プラス ＋
マイナス −
そういえば、
プラスチックの下《した》じきでかみの毛《け》をこすると、こうなりますよね。
ゴシゴシ
それは、こすることによって
マイナスの静電気《せいでんき》をたくわえた下《した》じきが、かみの毛《け》のプラスの静電気《せいでんき》を引《ひ》き寄《よ》せているんです。
F6-9
さきほどのスイッチは「地球《ちきゅう》」にマイナスの静電気《せいでんき》をたくわえるためのもの。
そしてこっちの「月《つき》」はセーターでこすってマイナスの静電気《せいでんき》をうばい、
プラスの静電気《せいでんき》をためてやるんです。
マイナス −
ゴシゴシ
プラス ＋

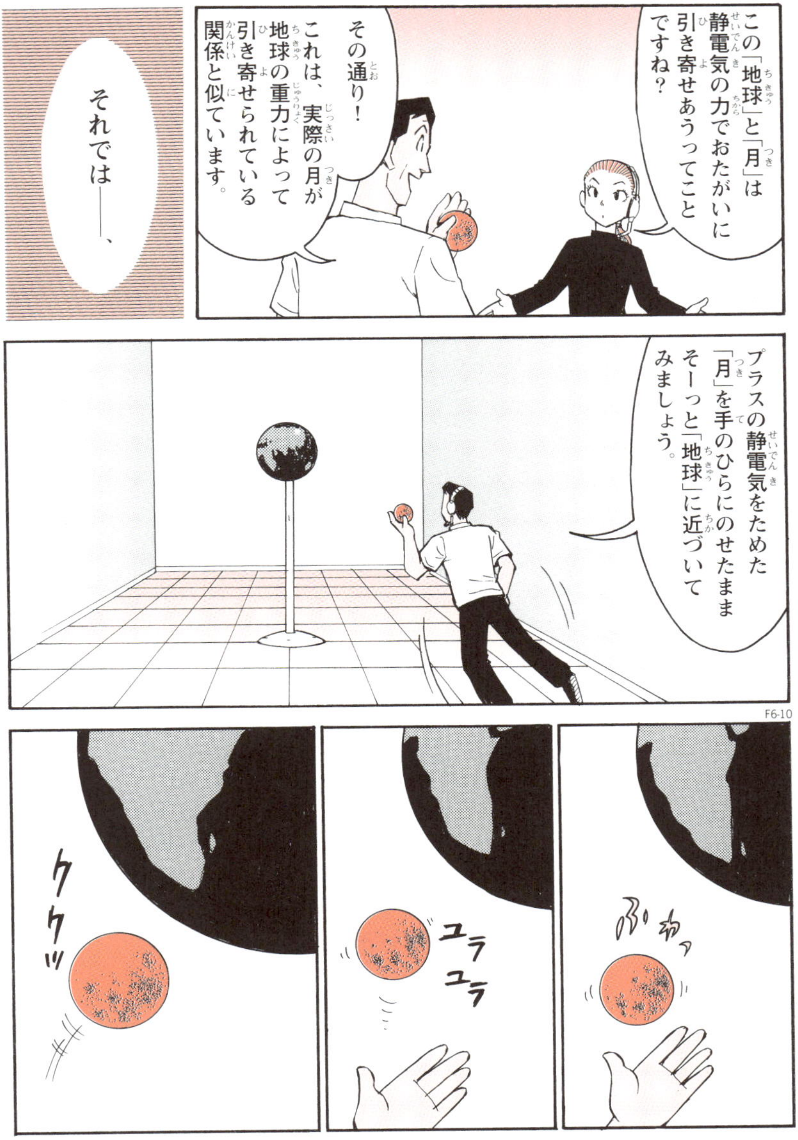
この「地球《ちきゅう》」と「月《つき》」は静電気《せいでんき》の力《ちから》でおたがいに引《ひ》き寄《よ》せあうってことですね？
その通《とお》り！ これは、実際《じっさい》の月《つき》が地球《ちきゅう》の重力《じゅうりょく》によって引《ひ》き寄《よ》せられている関係《かんけい》と似《に》ています。
それでは——、
プラスの静電気《せいでんき》をためた「月《つき》」を手《て》のひらにのせたままそーっと「地球《ちきゅう》」に近《ちか》づいてみましょう。
ふわァ
ユラユラ
ククッ

F6-10

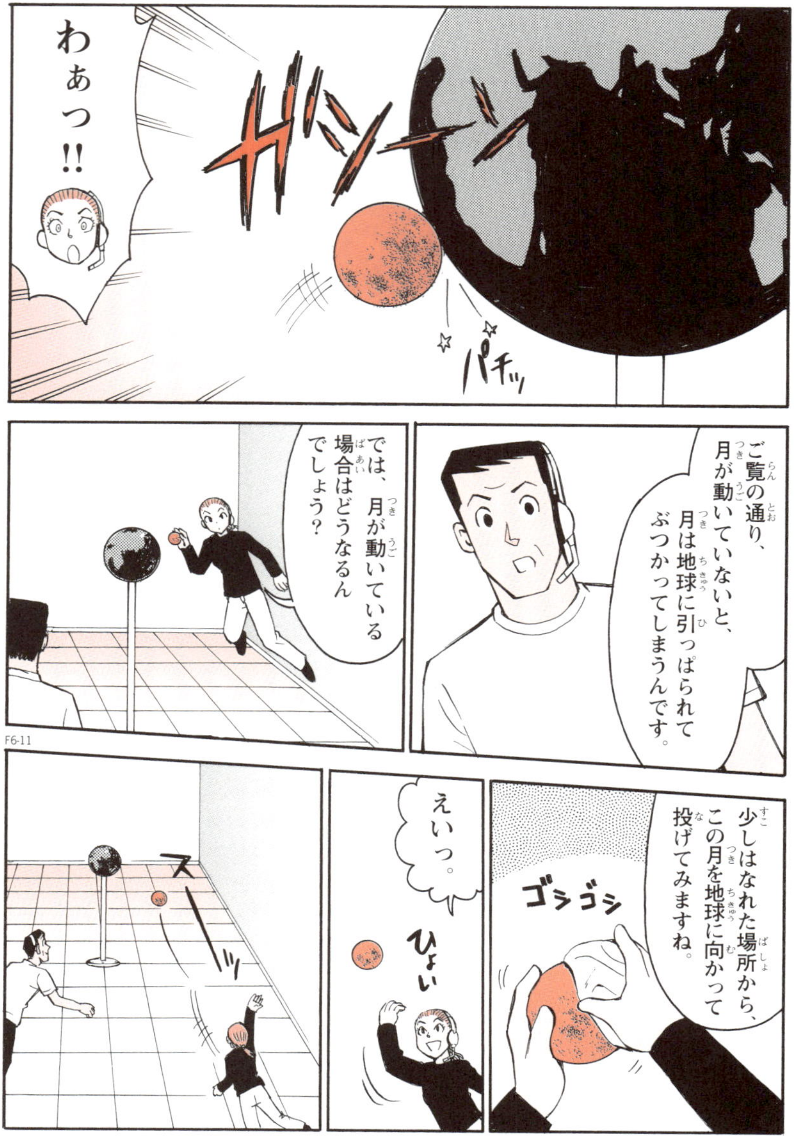
ガシーン
パチッ
わぁっ!!
ご覧《らん》の通《とお》り、月《つき》が動《うご》いていないと、月《つき》は地球《ちきゅう》に引《ひ》っぱられてぶつかってしまうんです。
では、月《つき》が動《うご》いている場合《ばあい》はどうなるんでしょう？
少《すこ》しはなれた場所《ばしょ》から、この月《つき》を地球《ちきゅう》に向《む》かって投《な》げてみますね。
ゴシゴシ
えいっ。
ひょい
スーッ

F6-11

ククッ
ククク
やった！
くるんっ
おれたちの実験《じっけん》が大成功《だいせいこう》だ!!
F6-12
月《つき》が地球《ちきゅう》の周《まわ》りを回《まわ》ってます！
この実験《じっけん》は110〜111ページにやり方《かた》の説明《せつめい》があるよ！
若井《わかい》さん、これってどういうことなんですか？

月《つき》は地球《ちきゅう》に重力《じゅうりょく》で引《ひ》っぱられていますが——。
この図《ず》のような運動《うんどう》をしているので、地球《ちきゅう》に落《お》ちてくることなく、周《まわ》りを回《まわ》り続《つづ》けているんです。
重力《じゅうりょく》がない場合《ばあい》
落《お》ちた距離《きょり》
月《つき》
重力《じゅうりょく》
重力《じゅうりょく》
月《つき》の軌道《きどう》
地球《ちきゅう》
別《べつ》の言《い》い方《かた》をすれば、月《つき》は地球《ちきゅう》の周《まわ》りを回《まわ》りながら、つねに落《お》ち続《つづ》けていると表現《ひょうげん》してもいいでしょう。
ただ……月《つき》は地球《ちきゅう》に落《お》ちてくることもなく、遠《とお》ざかってしまうこともない。
絶妙《ぜつみょう》なバランスで運動《うんどう》しているんです。
へーっ。
F6-13
フラ フラ
あっ。
パチッ
トンッ

2、3周《しゅう》したと思《おも》ったら、くっついちゃいましたね。
ええ。やはり、船内《せんない》でかんぺきに月《つき》と地球《ちきゅう》を再現《さいげん》するのは難《むずか》しいようですね。
でも、空気《くうき》にじゃまをされない宇宙船《うちゅうせん》の外《そと》でならきっと回《まわ》り続《つづ》けたことでしょう。
わずか2、3周《しゅう》でも船内《せんない》で月《つき》と地球《ちきゅう》を再現《さいげん》できたのですから、実験《じっけん》は成功《せいこう》ですね？
ええ、もちろん！
少年探偵団《しょうねんたんていだん》のみんな！どうもありがとう。
次《つぎ》の中継《ちゅうけい》は6時間後《じかんご》の予定《よてい》です。
お楽《たの》しみに!!
どーにかうまくいったな。
いえ、大成功《だいせいこう》ですよ！
それにしても地球《ちきゅう》と月《つき》って不思議《ふしぎ》だよな〜。
そうよねー。

F6-14

小泉《こいずみ》さん、おつかれさま。
いったんカメラを返《かえ》しておくわね。
すみません。また6時間後《じかんご》にカメラマン役《やく》をお願《ねが》いしますね。
純《じゅん》ちゃんおつかれ。
これから一緒《いっしょ》に宇宙食《うちゅうしょく》でもどうだい？
スィー
しらー
……。
つめてーなー。
愛想《あいそう》がいいのはカメラの前《まえ》だけかよ。
あっ、丸川《まるかわ》さん。私《わたし》、仮眠《かみん》するからカメラ《これ》しまっておいてくれない？
はい。
は⁉なんでおれが？

F6-15

おっと。
ズンッ
おっ、お。
ふわふわ
うわ!
ドンッ
……ったく。落ち目《おめ》のタレントはこれだからヤだよ。
あなたもゴルフが落ち目《おめ》だから、こんなとこまで来《き》てるんじゃない?
これを機《き》に、タレント転向《てんこう》まで考《かんが》えてるってうわさもあるくらいだし。
F6-16
なんだとっ。
まーまー。
さーて、仮眠仮眠《かみんかみん》。
ジャマしないでね。
おい待《ま》てっ。
落《お》ち着《つ》いて丸川《まるかわ》さん。

コナンと実験《じっけん》！

月《つき》と地球《ちきゅう》の関係《かんけい》を考《かんが》えてみよう！

若井《わかい》さんたちの実験《じっけん》を地球《ちきゅう》で再現《さいげん》したらどうなるんだろう？
キミも実験《じっけん》してみよう！

用意《ようい》するもの

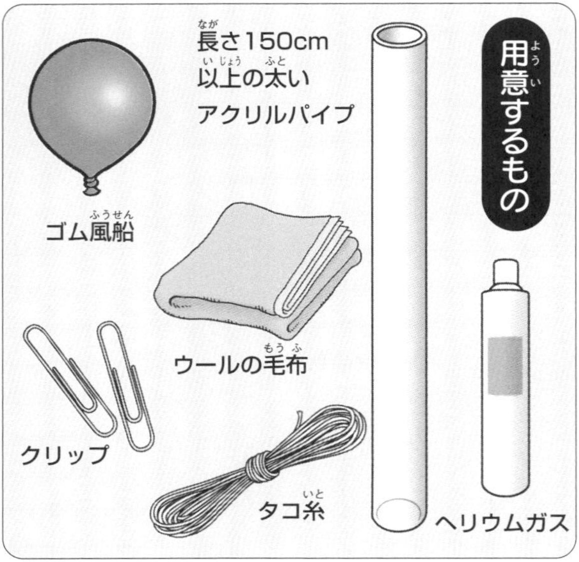
長《なが》さ150cm以上《いじょう》の太《ふと》いアクリルパイプ
ゴム風船《ふうせん》
ウールの毛布《もうふ》
クリップ
タコ糸《いと》
ヘリウムガス

① アクリルパイプを固定《こてい》しよう

この実験《じっけん》は、教室《きょうしつ》の中《なか》など、風《かぜ》のない場所《ばしょ》でやろう。机《つくえ》などを片《かた》づけた教室《きょうしつ》の真《ま》ん中《なか》にアクリルパイプを立《た》て、たおれないようにイスなどで支《ささ》えてあげよう。

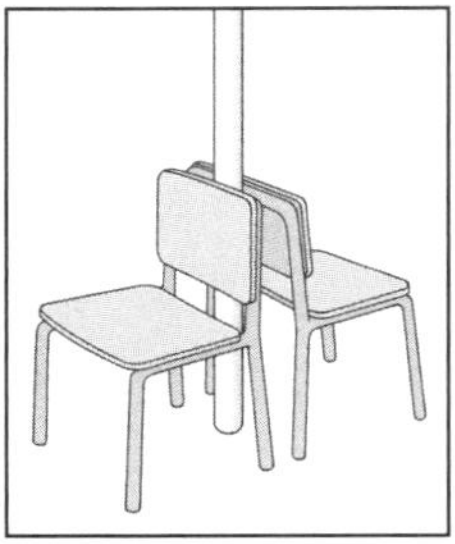

② アクリルパイプをティッシュでこする

アクリルパイプの表面《ひょうめん》をティッシュペーパーでこすると、パイプには「＋《プラス》」の静電気《せいでんき》がたまる。実験《じっけん》では、このアクリルパイプが「地球《ちきゅう》」の代《か》わりになるんだ。

③ゴム風船《ふうせん》をふくらまそう

ふくらませた風船《ふうせん》にヘリウムガスを入《い》れよう。そのままだと軽《かる》すぎる場《ば》合《あい》があるので、風船《ふうせん》にタコ糸《いと》を結《むす》び、タコ糸《いと》の先《さき》に重《おも》りとなるクリップなどをつけて、風船《ふうせん》がちょうど空中《くうちゅう》にうかぶようにバランスを調節《ちょうせつ》してね。

④ゴム風船《ふうせん》を毛布《もうふ》でこする

ゴム風船《ふうせん》をウールの毛《もう》布《ふ》でこすると、風船《ふうせん》に「－《マイナス》」の静電気《せいでんき》がたまるよ。この状態《じょうたい》で、風船《ふうせん》をアクリルパイプに近《ちか》づけると、静電気《せいでんき》でくっついてしまう。このゴム風船《ふうせん》を「月《つき》」と考《かんが》えて、実験《じっけん》を行《おこな》うことにしよう。

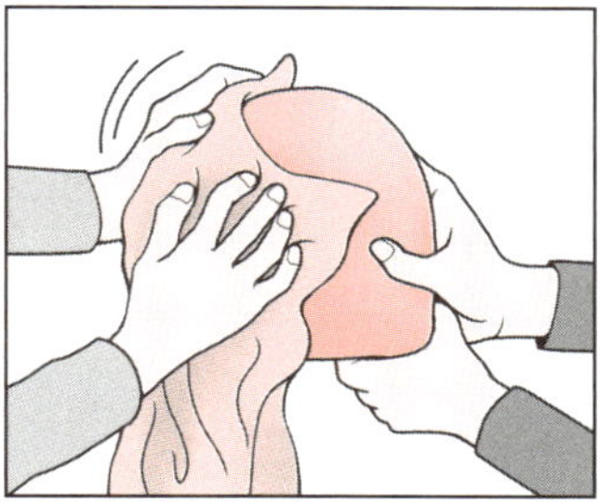

⑤ゴム風船《ふうせん》をパイプの方《ほう》へ投《な》げよう

１ｍくらいはなれた場《ば》所《しょ》から、アクリルパイプの方《ほう》へ風船《ふうせん》を投《な》げてみよう。パイプの横《よこ》を通《とお》りすぎるあたりを狙《ねら》うのがコツだ。風船《ふうせん》がすぐにパイプにくっついてしまう場《ば》合《あい》は、もう少《すこ》しはなれた場所《ばしょ》を狙《ねら》ってみよう。

⑥パイプの周《まわ》りを風船《ふうせん》が回《まわ》った！

風船《ふうせん》はパイプの横《よこ》を通《とお》りすぎながら、静電気《せいでんき》の力《ちから》で引《ひ》き寄《よ》せられて、パイプをぐるりと回《まわ》りながらもどってくる。風船《ふうせん》がアクリルパイプにくっついてしまったら、手順《てじゅん》2からくり返《かえ》して、実験《じっけん》をしてね。

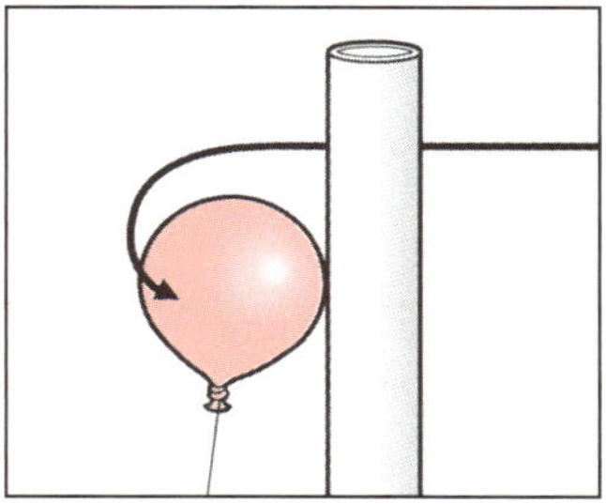

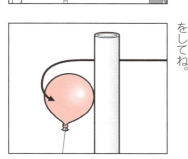

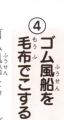

JAXA《ジャクサ》モバイルのアドレス●http://mobile.jaxa.jp/

キミも実験《じっけん》！

国際宇宙《こくさいうちゅう》ステーションを見《み》つけよう！

日《にち》ぼつ後《ご》と日《ひ》の出前《でまえ》に見《み》られる国際宇宙《こくさいうちゅう》ステーションISS《アイエスエス》を探《さが》してみよう！

① JAXA《ジャクサ》キッズで情報《じょうほう》を入手《にゅうしゅ》しよう

国際宇宙《こくさいうちゅう》ステーション「ISS《アイエスエス》」を観察《かんさつ》できるのは、日《にち》ぼつ後《ご》か日《ひ》の出前《でまえ》の数分間《すうふんかん》。ISS《アイエスエス》は十分《じゅうぶん》に明《あか》るいので、望遠鏡《ぼうえんきょう》などを使《つか》わずに見《み》ることができる。

パソコンを使《つか》って「JA《ジャ》XA《クサ》キッズ」にアクセスすると、「宇宙《うちゅう》ステーションを見《み》よう（パソコン用《よう》）」というページがあるので、まずそこで情報《じょうほう》を入手《にゅうしゅ》。キミが住《す》んでいる町《まち》の名前《なまえ》をクリックすると、日付《ひづけ》ごとにISS《アイエスエス》が「いつ、どの方角《ほうがく》に見《み》えるか」という予《よ》想情報《そうじょうほう》が表示《ひょうじ》される。それを参考《さんこう》にして、うす暗《ぐら》くなった（または明《あか》るくなり始《はじ》めた）空《そら》を見上《みあ》げてみよう。

見《み》るためのコツは、地平線《ちへいせん》からの角度《かくど》（仰角《ぎょうかく》）が30度《ど》以上《いじょう》になる時《とき》を狙《ねら》うこと。ISS《アイエスエス》が低《ひく》い位置《いち》にあると、ビルなどにかくれてしまって見《み》えにくいことがあるからだ。

② 明《あか》るい星《ほし》と見比《みくら》べてみよう

ＩＳＳ《アイエスエス》は、とても明《あか》るい光《ひかり》の点《てん》が、飛行機《ひこうき》のようにスーッと移動《いどう》していくイメージで見《み》える。明《あか》るさのイメージをつかみたい場合《ばあい》は、事前《じぜん》に夜空《よぞら》の一等星《いっとうせい》を観察《かんさつ》しておくといいだろう。夏《なつ》ならさそり座《ざ》のアンタレス、冬《ふゆ》ならおおいぬ座《ざ》のシリウスよりも、もっと明《あか》るいイメージだよ。

なお、ＩＳＳ《アイエスエス》の予想情報《よそうじょうほう》は定期的《ていきてき》に更新《こうしん》されているので、観測《かんそく》の前《まえ》に最新情報《しんじょうほう》を確認《かくにん》しておこう。

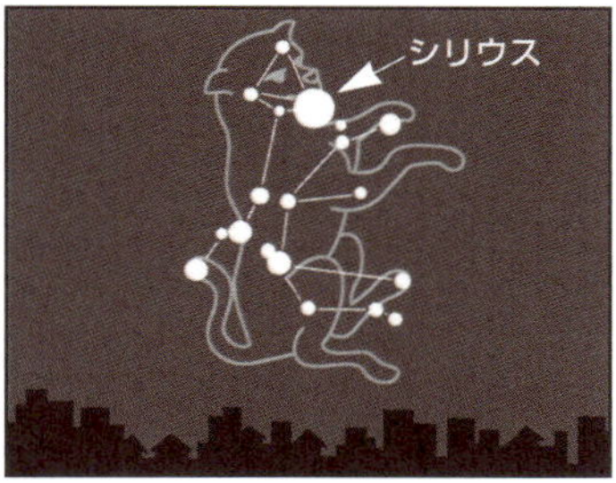

国際宇宙《こくさいうちゅう》ステーションってなんだろう？

国際宇宙《こくさいうちゅう》ステーション「ＩＳＳ《アイエスエス》」は、1984年《ねん》にアメリカが計画《けいかく》を発表《はっぴょう》し、今《いま》では日本《にっぽん》をはじめ15か国《こく》が建設《けんせつ》に参加《さんか》している地球規模《ちきゅうきぼ》の大《だい》プロジェクトだ。最大《さいだい》7名《めい》の宇宙《うちゅう》飛行士《ひこうし》が安全《あんぜん》に生活《せいかつ》し、実験《じっけん》をするための機能《きのう》を持《も》った、宇宙空間《うちゅうくうかん》にうかぶ実験室《じっけんしつ》なんだよ。

ＩＳＳ《アイエスエス》は、2010年《ねん》の完成《かんせい》をめざして、建設作業《けんせつさぎょう》が進《すす》められている。今《いま》は、スペースシャトルなどで少《すこ》しずつ部品《ぶひん》を運《はこ》び、宇宙《うちゅう》で組《く》み立《た》てているんだ。

このＩＳＳ《アイエスエス》で、日本《にっぽん》は「きぼう」という実験《じっけん》モジュールを建設《けんせつ》するよ。完成《かんせい》するのが楽《たの》しみだね。

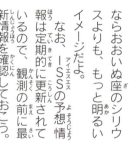

ビービー
WARNING!
異常事態発生《いじょうじたいはっせい》!
異常事態発生《いじょうじたいはっせい》!
ザワ ザワ
ビービー
ん? どうしたんだ?
何《なに》か起《お》きたみたいね。
……なんのさわぎだ?
ふあぁ
がばっ
大変《たいへん》よ! WISH《ウィッシュ》が軌道《きどう》からずれたみたいなの!
!

F7-1

FILE《ファイル》 7

WISH《ウィッシュ》に異常事態発生《いじょうじたいはっせい》!!

テレビ中継《ちゅうけい》を終《お》え、ほっとひと息《いき》ついていたWISH《ウィッシュ》の搭乗員《とうじょういん》たち。その船内《せんない》に、異常事態《いじょうじたい》を知《し》らせるブザーが鳴《な》りひびく!! 新《あら》たなる事件《じけん》の発生《はっせい》か!?

管制室《かんせいしつ》！いったいどうなってるんだ！
原因不明《げんいんふめい》です。軌道修正《きどうしゅうせい》を試《こころ》みてください！
搭乗員《とうじょういん》のみなさん、異常事態《いじょうじたい》です。
至急《しきゅう》、操縦室《そうじゅうしつ》に集《あつ》まってください！
く……く～。
カチカチ
若井《わかい》さん、どうしたんですか⁉
姿勢制御《しせいせいぎょ》エンジンが作動《さどう》しないんだ！

F7-2

いったいどーしたんだ?
席《せき》についてシートベルトをしめてください。WISH《ウイッシュ》が軌道《きどう》からずれてしまったんです。
なんだって!?
どうしてそんなことに!?
原因《げんいん》は不明《ふめい》ですが……、自動操縦中《じどうそうじゅうちゅう》に姿勢制御《しせいせいぎょ》エンジンが勝手《かって》に作動《さどう》してしまったとしか考《かんが》えられません。
やはりこの宇宙《うちゅう》の眺《なが》めがめいどの土産《みやげ》か……。
おれはおたくの社長《しゃちょう》に絶対《ぜったい》に安全《あんぜん》だからって言《い》われて、これに乗《の》ったんだ!
どーにかしろよな!!

落《お》ち着《つ》いてください。今《いま》、手動操縦《しゅどうそうじゅう》に切《き》りかえて、姿勢《しせい》を立《た》て直《なお》そうとしています。
……やはりダメだ。姿勢制御《しせいせいぎょ》エンジンが作動《さどう》しない……。
このままじゃ正《ただ》しい軌道《きどう》にもどれないぞ……。
宇宙飛行士《うちゅうひこうし》が2人《ふたり》もそろってだらしねぇ。
これじゃ、機械《きかい》やパソコンにくわしい、あんたや純《じゅん》ちゃんの方《ほう》がマシじゃねーか？
いえ……、そんな……。
ちょっと待《ま》って。管制室《かんせいしつ》から連絡《れんらく》が……。
……。
F7-4
大変《たいへん》です、若井《わかい》さん！管制室《かんせいしつ》の計算《けいさん》によると――。
このままでは半日後《はんにちご》に大《おお》きなデブリと衝突《しょうとつ》してしまいます！
なんだって!!

ザワ ザワ
悪《わる》い予感《よかん》が当《あ》たっちまった……。犯人《はんにん》の本当《ほんとう》の狙《ねら》いはこれだったのか!?
コナンくん、WISH《ウイッシュ》がデブリとぶつかったらどうなっちゃうの?
……残念《ざんねん》だけど、若井《わかい》さんたちはまず助《たす》からないだろうな……。
ええっ!!
それだけじゃありませんよ!
こわれて粉《こな》ごなになったWISH《ウイッシュ》の破片《はへん》が大量《たいりょう》のデブリになって、ほかの衛星《えいせい》などにぶつかって……、ネズミ算式《ざんしき》に増《ふ》えたデブリが地球《ちきゅう》の周《まわ》りをおおってしまいます!

そんなことになったら、人類《じんるい》は二度《にど》と宇宙《うちゅう》に近《ちか》づけなくなっちまう……。
え!? じゃあどーすれば？
あっちは宇宙《うちゅう》でこっちは地球《ちきゅう》…… どうすることも……。
くそ～。
ねえ工藤《くどう》くん。
ん？
コソコソ
モニターを見《み》て。
!!
そうか！
ねー、おっちゃん。
なんだ？
モニターに小泉《こいずみ》さんが映《うつ》ってないよ。
何《なに》!? ほんとだ!!
F7-6

ちょっと失礼《しつれい》！
若井《わかい》さん、聞《き》こえますか？
探偵《たんてい》の毛利小五郎《もうりこごろう》です。
はい。
操縦室《そうじゅうしつ》に小泉《こいずみ》さんの姿《すがた》が見当《みあ》たらないようですが？
え？
そんなはずは……。
F7-7
！
本当《ほんとう》だ。
丸川《まるかわ》さん、金沢《かなざわ》さん。
ここは私《わたし》と向山《むかいやま》くんにまかせて、小泉《こいずみ》さんを探《さが》してきてください。

どーせまだ仮眠《かみん》してるんだろ。
気楽《きらく》なもんだな。
しょーがねぇ、おれが起《お》こしてきてやるか。
タタッ
それでは私《わたし》は念《ねん》のため実験《じっけん》スペースの方《ほう》を見《み》てきましょう。
……。
スゥ
F7-8
純《じゅん》ちゃん、いよいよ出番《でばん》だぞ。
ん?
いない……そんなはずは……。
うわー!!

ドッ
ドッ
こ……小泉《こいずみ》さん!!
大声《おおごえ》出《だ》して何《なに》があった……
!?
金沢《かなざわ》さん、丸川《まるかわ》さん。どうしました?
実験室《じっけんしつ》で純《じゅん》ちゃんが……。
F7-9
死《し》んでる……。
ええ!!
ちょっと様子《ようす》を見《み》てきます。
カメラを忘《わす》れるな。管制室《かんせいしつ》に映像《えいぞう》を送《おく》るんだ。

小泉《こいずみ》さん!!
向山《むかいやま》さん、落《お》ち着《つ》いて! 脈《みゃく》を確《たし》かめてください。
よかった! 脈《みゃく》はあるわ。かべに頭《あたま》をぶつけて、気《き》を失《うしな》ったのかしら?
小泉《こいずみ》さんのくちびるが青《あお》い! あれは、ちっ息《そく》した時《とき》に現《あらわ》れるチアノーゼじゃ!?
ん? おっちゃん、なんであそこにパソコンが?
うむ、確《たし》かに変《へん》だな。
向山《むかいやま》さん、そこにあるパソコンを調《しら》べてみてください。

F7-10

バーンッ
Mission Complete.
WISH has left the orbit.
こ……これは!!
どうやら小泉《こいずみ》さんのマシンみたいですね。
……え〜と ミッション？ コンプリート？
……。
……。
「任務《にんむ》完了《かんりょう》、WISH《ウイッシュ》は軌道《きどう》からはずれました」って表示《ひょうじ》されてるわ。
――ということは……。
小泉《こいずみ》さん本人《ほんにん》、もしくはほかのだれかが……。
小泉《こいずみ》さんのパソコンでWISH《ウイッシュ》のシステムに不正《ふせい》にアクセスして軌道《きどう》を変《か》えたってこと……。
しかしかんじんの小泉《こいずみ》さんは気《き》を失《うしな》っている。
……。
どういうことだ？

F7-11

ブブブ
……ダメだわ。パスワードでロックされてる……。
カチャカチャ
ひとまず小泉《こいずみ》さんをスリープステーションに連《つ》れて行《い》きましょう。丸川《まるかわ》さん、お願《ねが》いします。
ああ……そうだな。
!!
胸《むね》ポケットにMO《エムオー》ディスクが！
向山《むかいやま》さん、操縦室《そうじゅうしつ》でディスクの中身《なかみ》を確認《かくにん》してみてください。
分《わ》かりました。
向山《むかいやま》くん、ちょうどいいところにもどってきてくれた。
もう軌道修正《きどうしゅうせい》はムリだ。残《のこ》された道《みち》は一《ひと》つ……。
私《わたし》が船外活動《せんがいかつどう》を行《おこな》う！

F7-12

空気《くうき》にも質量《しつりょう》がある！

キミも実験《じっけん》！

ふだんは意識《いしき》することがないけど、実《じっ》は空気《くうき》にも質量《しつりょう》はあるんだ！

用意《ようい》するもの

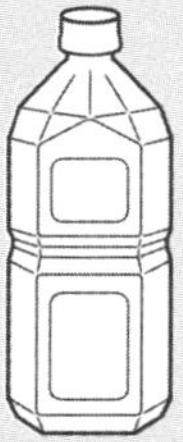

水道水《すいどうすい》で満《み》たしたペットボトル（2ℓ）

家庭用《かていよう》のゴミ袋《ぶくろ》（90ℓくらい）×数枚《すうまい》

輪《わ》ゴム

ガムテープ

① ゴミ袋《ぶくろ》を輪《わ》ゴムでたばねよう

たたんだゴミ袋《ぶくろ》を投《な》げてペットボトルに当《あ》てよう。ゴミ袋《ぶくろ》1枚《まい》の質量《しつりょう》では、ペットボトルがなかなかたおれないことを確認《かくにん》しよう。

② ゴミ袋《ぶくろ》で風船《ふうせん》を作《つく》ろう

ふくらませたゴミ袋《ぶくろ》の口《くち》を輪《わ》ゴムで閉《と》じて、風船《ふうせん》を作《つく》ると、袋《ふくろ》だけの時《とき》より重《おも》さが500gほど増《ふ》えている。これが空気《くうき》の質量《しつりょう》だ。

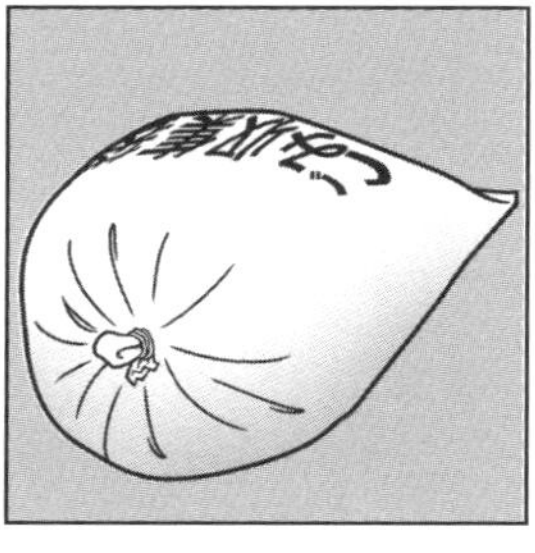

③ ペットボトルをたおしてみよう

ゴミ袋《ぶくろ》の風船《ふうせん》を、ペットボトルめがけて投《な》げてみよう。空気《くうき》の質量《しつりょう》が増《ふ》えた分《ぶん》、今度《こんど》はかんたんにたおれたはずだ（ペットボトルとゴミ袋《ぶくろ》の接《せっ》する面積《めんせき》が増《ふ》えたことなどの影響《えいきょう》もあります）。

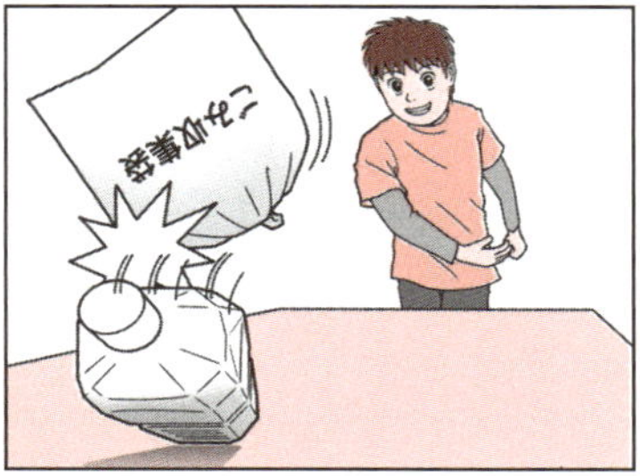

④ もっと大《おお》きな風船《ふうせん》を作《つく》ろう

ゴミ袋《ぶくろ》を3枚《まい》つなげて、もっと大《おお》きな、長《なが》さが2m以上《いじょう》ある風船《ふうせん》を作《つく》ろう。ゴミ袋《ぶくろ》を3枚用意《まいようい》したら、その内《うち》2枚《まい》の閉《と》じてある方《ほう》をハサミなどで切《き》って、筒状《つつじょう》にしておく。これで準備《じゅんび》は完了《かんりょう》だ。

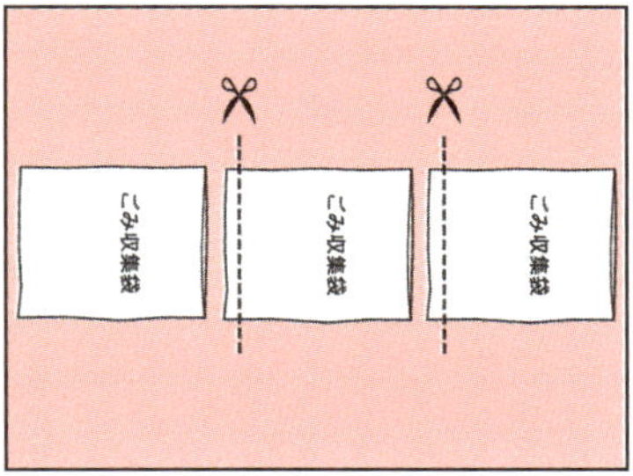

⑤ テープでとめたら巨大風船《きょだいふうせん》が完成《かんせい》！

手順《てじゅん》4の図《ず》の順《じゅん》に並《なら》べたゴミ袋《ぶくろ》を、ガムテープなどのじょうぶなテープで順番《じゅんばん》にとめよう。袋《ふくろ》と袋《ふくろ》を少《すこ》し重《かさ》ねるようにするのがコツだ。空気《くうき》でふくらませたら、口《くち》を輪《わ》ゴムでしっかり閉《と》じよう。

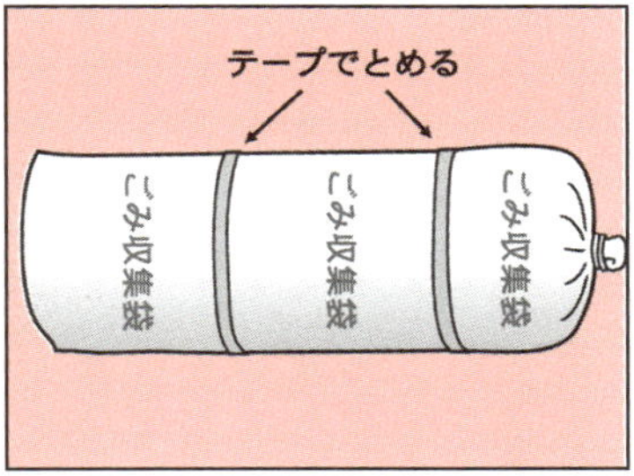

⑥ 友《とも》だちと投《な》げっこをしてみよう！

たたんだゴミ袋《ぶくろ》3枚《まい》と巨大風船《きょだいふうせん》を持《も》ち比《くら》べると、巨大風船《きょだいふうせん》に閉《と》じこめられた空気《くうき》が意外《いがい》に重《おも》いことを実感《じっかん》できる。さらに、友《とも》だちと巨大風船《きょだいふうせん》の投《な》げっこをすれば、空気《くうき》の質《しつ》量《りょう》を楽《たの》しく体感《たいかん》できるよ。

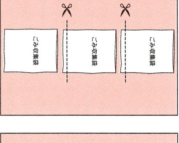

キミも実験《じっけん》!

真空調理器《しんくうちょうりき》で気圧《きあつ》の変化《へんか》を観察《かんさつ》

空気《くうき》には重《おも》さがある。では、空気《くうき》のない真空《しんくう》では、どんなことが起《お》きるのだろう?

用意《ようい》するもの

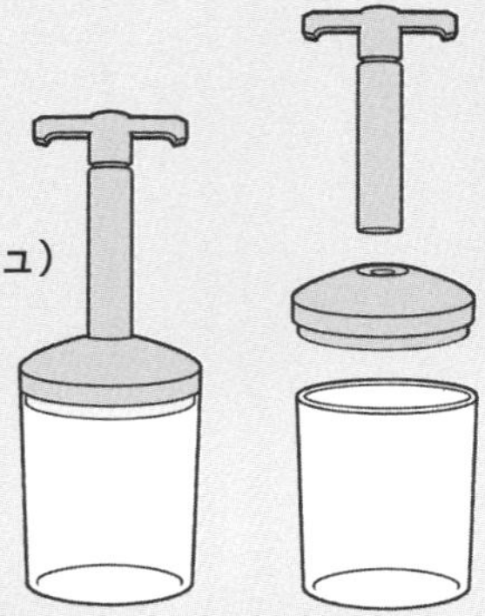

真空調理器《しんくうちょうりき》
(エアーフレッシュ)

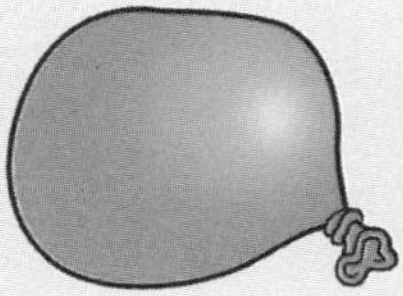

少《すこ》しだけふくらませたゴム風船《ふうせん》

① 真空調理器《しんくうちょうりき》にゴム風船《ふうせん》を入《い》れる

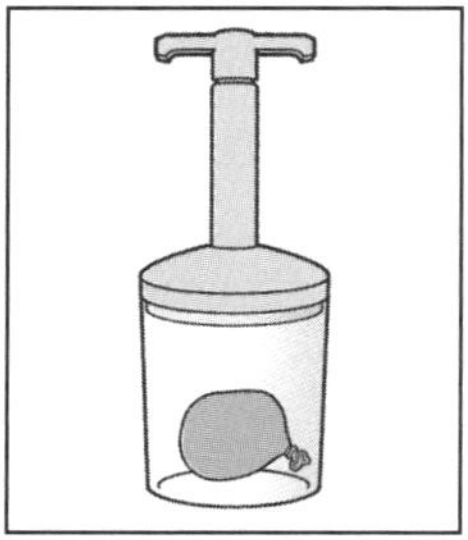

あらかじめ少《すこ》しだけふくらませておいたゴム風船《ふうせん》を真空調理器《しんくうちょうりき》の中《なか》に入《い》れ、調理器《ちょうりき》のふたをしめよう。ふたの上《うえ》には、ポンプも取《と》り付《つ》けてね。

② ポンプを使《つか》って空気《くうき》をぬこう

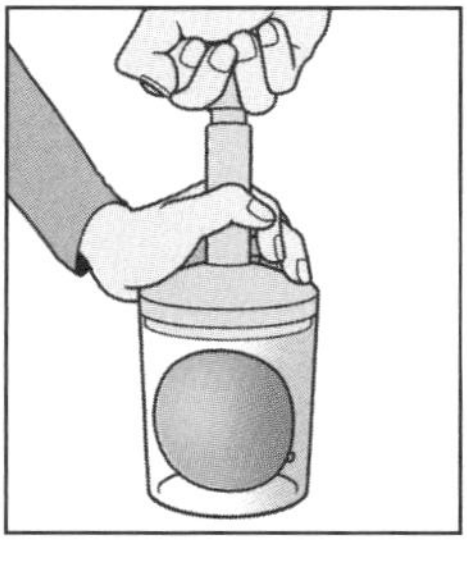

真空調理器《しんくうちょうりき》のポンプを上下《じょうげ》させて、調理器《ちょうりき》の中《なか》の空気《くうき》をぬく。空気《くうき》は少《すこ》しずつしかぬけないので、根気《こんき》よくポンプを動《うご》かして、空気《くうき》をぬいていこう。

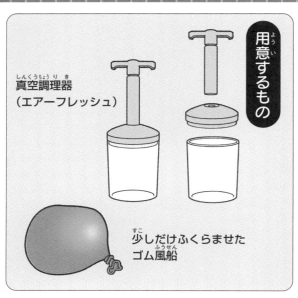

③ゴム風船《ふうせん》がふくらんだ!

調理器《ちょうりき》の中《なか》の空気《くうき》がぬけていくにしたがって、風船《ふうせん》がふくらみ始《はじ》める。やがて、調理器《ちょうりき》の中《なか》いっぱいに風船《ふうせん》がふくらんでしまうはずだ。なぜこうなるのかは、下《した》の説明《せつめい》を読《よ》んでね。

「気圧《きあつ》」ってなんだろう?

キミたちはもう、空気《くうき》に重《おも》さがあることを知《し》っているよね。地球《ちきゅう》は空気《くうき》でおおわれているから、この空気《くうき》の重《おも》さ（気圧《きあつ》）を、私《わたし》たちはつねに体《からだ》で受《う》け止《と》めているわけだ。

空気《くうき》が地面《じめん》をおす力《ちから》を1平方《へいほう》㎝あたりで計《はか》ると、約《やく》1kgの重《おも》さになる。でも私《わたし》たちが空気《くうき》の重《おも》さを感《かん》じないのは、私《わたし》たちの体《からだ》がその気圧《きあつ》になれているから。外《そと》の気圧《きあつ》とつり合《あ》いが取《と》れるように、体《からだ》の中《なか》からも外《そと》におす力《ちから》が働《はたら》いているんだよ。

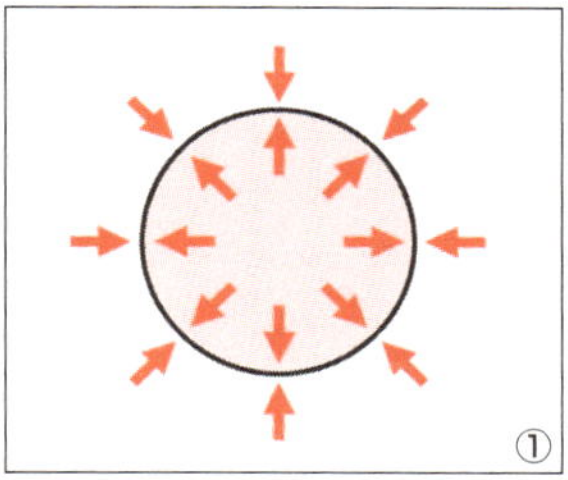

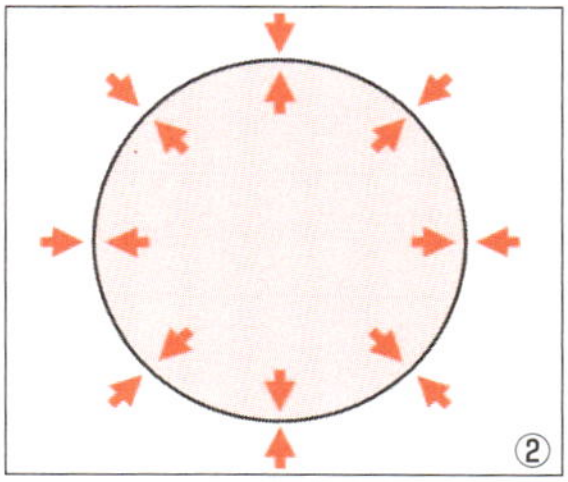

この実験《じっけん》では最初《さいしょ》、真《しん》空調理器《くうちょうりき》の中《なか》の気圧《きあつ》と風船《ふうせん》の中《なか》の気圧《きあつ》はつり合《あ》いがとれた状態《じょうたい》だった（図《ず》1）。でも調理器《ちょうりき》の中《なか》の空気《くうき》をぬいていくにつれ、風船《ふうせん》を外《そと》からおす気《き》圧《あつ》が弱《よわ》くなったため、風船《ふうせん》の中《なか》の空気《くうき》が外《そと》の気《き》圧《あつ》と同《おな》じになるまで広《ひろ》がろうとして、風船《ふうせん》がふくらんでしまったんだ（図《ず》2）。

宇宙《うちゅう》はほぼ空気《くうき》のない真空状態《しんくうじょうたい》で、人間《にんげん》がそのまま宇宙空間《うちゅうくうかん》へ出《で》たら風船《ふうせん》と同《おな》じようにふくらんでしまう。だから宇宙《うちゅう》飛行士《ひこうし》は宇宙服《うちゅうふく》を着《き》て体《からだ》を守《まも》るんだよ。

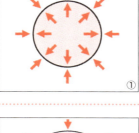

FILE ファイル

8

事件《じけん》にはウラがある…真犯人《しんはんにん》は!?

何者《なにもの》かの手《て》で軌道《きどう》を変《か》えられたWISH《ウィッシュ》、ポケットに残《のこ》されていたMO《エムオー》……。史上初《しじょうはつ》、宇宙《うちゅう》と地球《ちきゅう》を結《むす》ぶ衛星回線《えいせいかいせん》を使《つか》ったコナンの推理《すいり》ショーが始《はじ》まる!!

コナンくん……、若井《わかい》さんはどこへ行《い》ったの？
WISH《ウィッシュ》の姿勢制御《しせいせいぎょ》エンジンが操作《そうさ》を受《う》け付《つ》けなくなったから、船外《せんがい》に出《で》て、なんとかしようとしてるみたいだな。
ただ……船外活動《せんがいかつどう》を行《おこな》うには、エアロックの中《なか》に入《はい》ってプレブリーズをする必要《ひつよう》があるんです。
F8-1
宇宙船《うちゅうせん》の中《なか》は、地球《ちきゅう》の海面上《かいめんじょう》と同《おな》じ1気圧《きあつ》に保《たも》たれていますが、船外活動中《せんがいかつどうちゅう》の宇宙服《うちゅうふく》の中《なか》は0.3気圧《きあつ》まで減圧《げんあつ》されているんですよ。

宇宙服《うちゅうふく》の中《なか》の気圧《きあつ》が
高《たか》いままだと、
外《そと》の真空状態《しんくうじょうたい》の空間《くうかん》に
出《で》た時《とき》にパンパンにふくれ上《あ》がって
身動《みうご》きができなくなりますからね。
しかし急激《きゅうげき》に気圧《きあつ》を下《さ》げると
減圧症《げんあつしょう》という症状《しょうじょう》を起《お》こして、
時《とき》には命《いのち》を落《お》とす危険《きけん》が
ありますし……。
F8-2
ふつうは12時間《じかん》くらい
かけて、ゆっくり低《ひく》い気圧《きあつ》に
体《からだ》をならしていく
プレブリーズを行《おこな》うんですよ。
宇宙《うちゅう》のことは若井《わかい》さんと
向山《むかいやま》さんにまかせて、
おれたちはおれたちに
できることをやろう。
そうですね。
2人《ふたり》はここに残《のこ》って、
状況《じょうきょう》に変化《へんか》があったら
知《し》らせてくれ。
了解《りょうかい》！
灰原《はいばら》！ 元太《げんた》！
一緒《いっしょ》に来《き》てくれ！
おうっ。

よし！
これがあれば
……。
おい元太《げんた》、
もどるぞ！
私《わたし》はWISH《ウイッシュ》の
搭乗客《とうじょうきゃく》の家族《かぞく》
なんですよ!!
中《なか》に入《い》れて
ください！
入館証《にゅうかんしょう》がない方《かた》は
通《とお》れません！

F8-3

あの……ひょっとして金沢《かなざわ》さんの？
はい、家内《かない》です。
気《き》がかりなことがあったので、東京《とうきょう》から飛《と》んで来《き》たのですが……。
でも、中《なか》に入《い》れてもらえなくて……。
コナン、どーしたんだ？
おまえの入館証《にゅうかんしょう》、貸《か》してくれ。
？
いいけど、どうするんだ？
これで中《なか》に入《はい》れるよ。
ありがとう、ぼうや!!
は〜!?
おれはどーするんだよ。
すぐもどってくるからさ。
管制室《かんせいしつ》まで案内《あんない》するよ。
お世話《せわ》になるわ。

毛利《もうり》さん、大変《たいへん》です!
小泉《こいずみ》さんのMO《エムオー》の中《なか》にこんなデータが!!
パッ
こ……、これは!!
……なんなんですか?
がくっ
これは地球《ちきゅう》の周《まわ》りをただよう古《ふる》い人工衛星《じんこうえいせい》など、スペースデブリの観測《かんそく》データです。でも……どうやって手《て》に入《い》れたのかしら?

F8-5

ふむ。犯人《はんにん》はこのデータをもとにＷＩＳＨ《ウイッシュ》とデブリを衝突《しょうとつ》させようとしてるのか。
犯人《はんにん》はＭＯ《エムオー》を持《も》っていた小泉《こいずみ》さんってこと？
でも、自分《じぶん》もＷＩＳＨ《ウイッシュ》に乗《の》っているのに、なんでそんなことを？
あるいは、小泉《こいずみ》さんを殺《ころ》そうとした真犯人《しんはんにん》が捜査《そうさ》をかく乱《らん》しようとＭＯ《エムオー》を持《も》たせたのでは？
だから、犯人《はんにん》が別《べつ》の人《ひと》だとしても、その人《ひと》もＷＩＳＨ《ウイッシュ》に乗《の》ってるわけでしょ？
……うーん。
そうよね……自分《じぶん》が乗《の》っている船《ふね》をこわそうなんて人《ひと》、いるかしら？
……ということは、密室《みっしつ》の宇宙船《うちゅうせん》に外《そと》から侵入者《しんにゅうしゃ》が？
……。
ガッ
分《わ》かったぞ！犯人《はんにん》は……
ＷＩＳＨ《ウイッシュ》をおそった謎《なぞ》のエイリアンだ!!

F8-6

しら〜〜〜っ
……。
エイリアンって……。
どーだ、おれの見事《みごと》な推理《すいり》……。
ふふん
……急《いそ》いでもどってみれば、相変《あいか》わらずのヘボ推理《すいり》か。
はにゃ。
サッ
エイリアンというのはほんの軽《かる》いジョーク。
チャッ
これ以上《いじょう》、犯人《はんにん》に妨害工作《ぼうがいこうさく》をさせないためにも、事件《じけん》を解決《かいけつ》しておく必要《ひつよう》があります。
向山《むかいやま》さん、ほかの方《かた》たちがいるスリープステーションへ行《い》ってもらえますか？

F8-7

おい、目《め》を覚《さ》ましてくれよ……。
このままじゃ……くそっ。
……。
F8-8
ス ゥ
みなさん、探偵《たんてい》の毛利《もうり》さんが事件《じけん》を解決《かいけつ》してくださるそうです。
ピッ
今《いま》さら犯人《はんにん》が分《わ》かったところで、どうせおれたち助《たす》からねーんだろ!
まぁそう言《い》わずに。
しばらくおつきあい願《ねが》いましょうか。

事件《じけん》はイベント会場《かいじょう》での「星《ほし》のなみだ」盗難未《とうなんみ》すいに始《はじ》まり……。
ホテルで小泉《こいずみ》さんの衣装《いしょう》が切《き》られたことから今回《こんかい》の一件《いっけん》まで、すべて同一犯《どういつはん》の犯行《はんこう》によるものです。
動機《どうき》は、マスコミにスキャンダルを提供《ていきょう》することで、民間初《みんかんはつ》の宇宙旅行《うちゅうりょこう》に日本中《にっぽんじゅう》の注目《ちゅうもく》を集《あつ》めること――。
しかし、犯人《はんにん》の思《おも》わくに反《はん》し、「星《ほし》のなみだ」をうばうことには失敗《しっぱい》。綾小路社長《あやのこうじしゃちょう》が事件《じけん》を公表《こうひょう》することもありませんでした。
犯人《はんにん》が打《う》った次《つぎ》の手《て》は、きょうはく状《じょう》を小泉《こいずみ》さんに送《おく》り、衣装《いしょう》を切《き》り刻《きざ》むこと。
だが、この一件《いっけん》も綾小路社長《あやのこうじしゃちょう》がもみ消《け》そうとしたため、犯人《はんにん》はみずから犯行声明文《はんこうせいめいぶん》をマスコミに送《おく》り付《つ》けたのです。

さきほどコナンたちが、外《そと》にいる報道陣《ほうどうじん》から声明文《せいめいぶん》のＦＡＸ《ファックス》を入手《にゅうしゅ》してきてくれました。
雑誌《ざっし》を切《き》りぬくヒマがなかったのでしょう。声明文《せいめいぶん》は犯人《はんにん》の手書《てが》きでしたが……。
ここで犯人《はんにん》は決定的《けっていてき》なミスを犯《おか》しているのです！
お父《とう》さん、その犯人《はんにん》って？
犯人《はんにん》の名《な》を明《あ》かす前《まえ》に、みなさんにもこれを見《み》てもらいましょう。
あとはコナン、よろしく。
ひょこっ
うん。

F8-10

こっちがFAX《ファックス》で送《おく》られてきた声明文《せいめいぶん》。
そしてこっちは、灰原《はいばら》がさっき綾小路《あやのこうじ》社長《しゃちょう》から借《か》りてきた、小泉《こいずみ》さんのサインが入《はい》ってる書類《しょるい》だよ。
マスコミのみなさま
なまいきな小泉純をこらしめるため、そして身のほどをわきまえるよう警告するため過日、みのりヶ島ホテルに潜入し、
あっ！2つとも「小《しょう》」の字《じ》がそっくり！
小泉純
そう。小泉《こいずみ》さんが書《か》く「小《しょう》」の字《じ》は、2つの小《ちい》さな点《てん》が逆《ぎゃく》ハの字型《じがた》になるクセがあるんだ。
ホテルで夜中《よなか》に目《め》を覚《さ》ました時《とき》、となりのベッドで小泉《こいずみ》さんが何《なに》かコソコソやってたんだけど……。
きっと、その時《とき》にこれを書《か》いてたのね。
ほかの字《じ》もくわしく筆跡鑑定《ひっせきかんてい》をすれば、小泉《こいずみ》さん本人《ほんにん》がこの声明文《せいめいぶん》を書《か》いた犯人《はんにん》ということが立証《りっしょう》されるはず。

F8-11

な……何《なに》を
バカな……。
サッ
丸川《まるかわ》さん、あなたも無関係《むかんけい》ではありませんよ。
イベント会場《かいじょう》でのトラックドライバー、
小泉《こいずみ》さんの服《ふく》を切《き》りさいた人間《にんげん》、
一連《いちれん》の犯行《はんこう》には必《かなら》ず共犯者《きょうはんしゃ》がいました。
さらに──。
小泉《こいずみ》さんの部屋《へや》からぶら下《さ》がっていたロープ……。
厳重《げんじゅう》な警戒《けいかい》の中《なか》、あんな目立《めだ》つ場所《ばしょ》からの上《のぼ》り下《お》りが発見《はっけん》されないはずはありません。
F8-12

すると、犯行《はんこう》はホテルの内部《ないぶ》にいた人間《にんげん》しかできなかったわけね。
しかも、小泉《こいずみ》さんのルームナンバーを知《し》っているのは関係者《かんけいしゃ》だけ……。
金沢《かなざわ》さんが小泉《こいずみ》さんと一緒《いっしょ》だったところは、コナンたちも目撃《もくげき》しているし、犯行現場《はんこうげんば》の第一発見者《だいいちはっけんしゃ》でもある。
ま、結局《けっきょく》、金沢《かなざわ》さんは、小泉《こいずみ》さんのアリバイ作《づく》りに利用《りよう》されたんでしょう。
——とすると……。
先《さき》に一人《ひとり》でホテルへもどっていた丸川《まるかわ》さん……
服《ふく》を切《き》った実行犯《じっこうはん》はあなたしかいないんです!!
全部《ぜんぶ》あんたの勝手《かって》な想像《そうぞう》じゃないか!!
そう言《い》われるだろうと思《おも》って、すでに警察《けいさつ》には捜査《そうさ》を依頼《いらい》しておきました。
目暮警部
毛利です
まもなく、あなたが手配《てはい》した逃走用《とうそうよう》トラックのレンタル先《さき》も割《わ》り出されるでしょう。
く……。

F8-13

ゴルファー引退後《いんたいご》に芸能界入《げいのうかいい》りを考《かんが》えていたあなたは、名前《なまえ》を売《う》るチャンスだと言葉《ことば》たくみに小泉《こいずみ》さんにさそわれたんでしょう。
……。
小泉《こいずみ》さんはスキャンダルを利用《りよう》してマスコミの注目《ちゅうもく》を集《あつ》め、国民的《こくみんてき》アイドルの座《ざ》に返《かえ》り咲《ざ》こうとした……。
ワー
ワー
ワー
でも……WISH《ウィッシュ》の軌道《きどう》を変《か》えたのはだれ？
この件《けん》では、小泉《こいずみ》さんも被害者《ひがいしゃ》じゃ？
いや……WISH《ウィッシュ》の軌道《きどう》を変《か》えたのも、残念《ざんねん》ながら彼女《かのじょ》の仕業《しわざ》……。
彼女《かのじょ》がデブリ監視棟《かんしとう》から盗《ぬす》み出《だ》したのは「星《ほし》のなみだ」だけじゃない。
……いや、もう一《ひと》つの物《もの》こそ本当《ほんとう》の目的《もくてき》！
それは、デブリの監視《かんし》データをコンピュータ室《しつ》から盗《ぬす》み出《だ》すこと。
それをもとにWISH《ウイッシュ》の軌道《きどう》を変《か》えた……。
F8-14

この一連《いちれん》の犯行《はんこう》は……。
スポーツ万能《ばんのう》なうえ、コンピュータにも精通《せいつう》している小泉《こいずみ》さんにしか実現不可能《じつげんふかのう》なシナリオでした。
実験《じっけん》スペースの回線《かいせん》からＷＩＳＨ《ウイッシュ》のシステムに不正《ふせい》にアクセスした彼女《かのじょ》は、ＷＩＳＨ《ウイッシュ》の軌道《きどう》を変《か》えたうえ、姿勢制御《しせいせいぎょ》エンジンが働《はたら》かないようロックをかけたのです。
そしてデブリにぶつかるぎりぎりのところで、小泉《こいずみ》さん自身《じしん》がシステムを復旧《ふっきゅう》させ、危機《きき》を救《すく》おうとしたんでしょう。
宇宙開発《うちゅうかいはつ》の危機《きき》を救《すく》ったことになれば、彼女《かのじょ》はいちやく世界中《せかいじゅう》のヒロイン……。
宇宙
でも、小泉《こいずみ》さんは重傷《じゅうしょう》を負《お》ってるのよ。あれも自分《じぶん》でやったって言《い》うの？
いや……。

F8-15

彼女《かのじょ》のシナリオには書《か》かれてなかった事態《じたい》が発生《はっせい》したのさ。
その件《けん》については金沢《かなざわ》さんに説明《せつめい》してもらいましょうか。
え……。
F8-16
わ……私《わたし》は何《なに》も……。
いえ、知《し》っているはずですよ。すべての真相《しんそう》をね。
……。
たぶん偶然《ぐうぜん》、あなたはパソコンを操作《そうさ》している小泉《こいずみ》さんを発見《はっけん》したのでしょう。
システムエンジニアだったあなたは、小泉《こいずみ》さんがしていることをひと目《め》で見《み》ぬき、
やめさせようともみ合《あ》ううち……。
小泉《こいずみ》さんをつき飛《と》ばして、ケガをさせてしまったのでしょう。
ガツン

人間《にんげん》の心《こころ》とは不思議《ふしぎ》なもので、気絶《きぜつ》した小泉《こいずみ》さんの顔《かお》を見《み》ているうち、あなたの心境《しんきょう》に大《おお》きな変化《へんか》が起《お》こった……。
あなたは小泉《こいずみ》さんを殺《ころ》し、WISH《ウィッシュ》もろとも自爆《じばく》してしまおうと考《かんが》えたのです。
彼女《かのじょ》のくちびるにチアノーゼが現《あらわ》れているところを見《み》ると、口《くち》をふさぐか何《なに》かしたのでは？
な……何《なに》を証拠《しょうこ》に……。
残念《ざんねん》ながら証拠《しょうこ》はありません。
犯行現場《はんこうげんば》は宇宙《うちゅう》ですからね。
だが、消去法《しょうきょほう》で考《かんが》えていくと、犯人《はんにん》はあなたしかいないんですよ、金沢《かなざわ》さん。
問題《もんだい》は動機《どうき》の点《てん》でしたが……。
それも、この方《かた》に話《はなし》を聞《き》いて納得《なっとく》がいきました。
……
この方《かた》？

F8-17

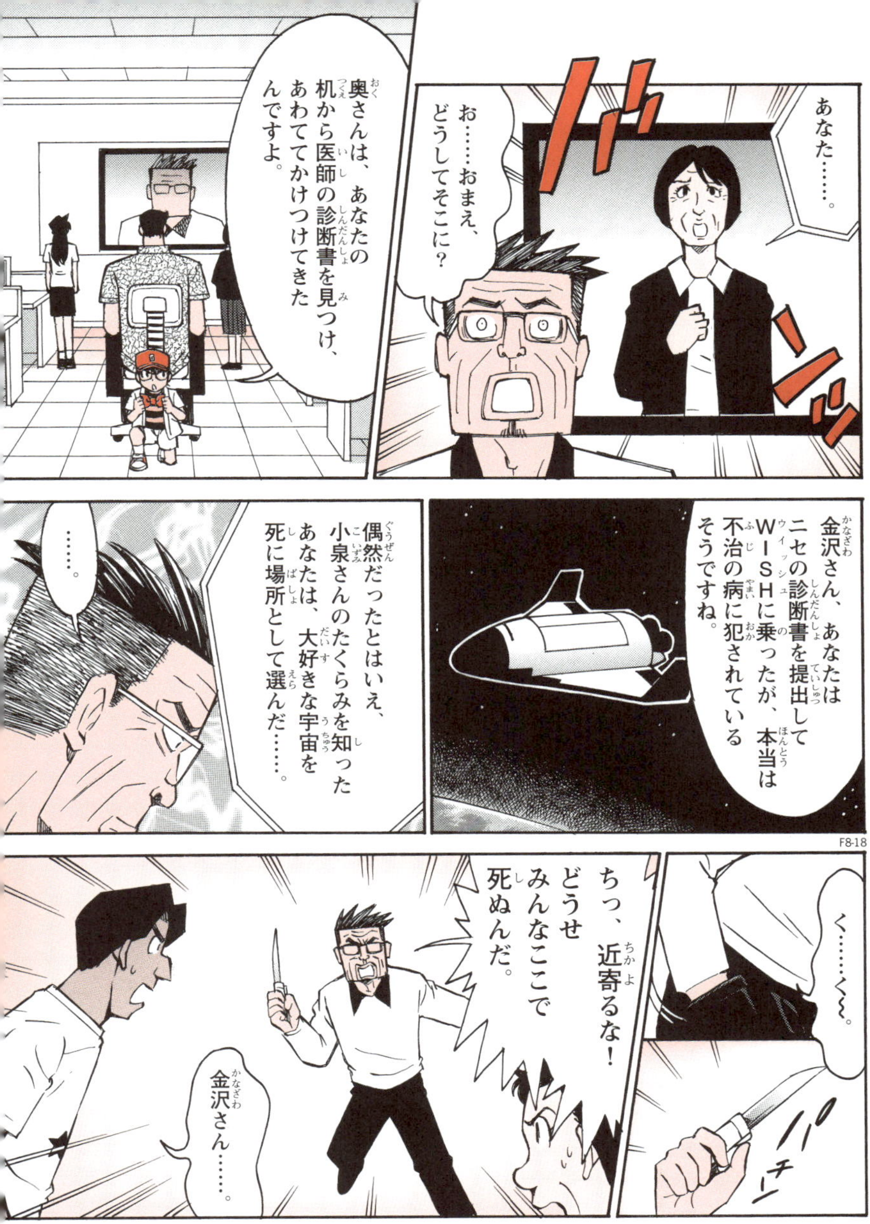
あなた……。
お……おまえ、どうしてそこに?
奥《おく》さんは、あなたの机《つくえ》から医師《いし》の診断書《しんだんしょ》を見《み》つけ、あわててかけつけてきたんですよ。
金沢《かなざわ》さん、あなたはニセの診断書《しんだんしょ》を提出《ていしゅつ》してWISH《ウイッシュ》に乗《の》ったが、本当《ほんとう》は不治《ふじ》の病《やまい》に犯《おか》されているそうですね。
偶然《ぐうぜん》だったとはいえ、小泉《こいずみ》さんのたくらみを知《し》ったあなたは、大好《だいす》きな宇宙《うちゅう》を死《し》に場所《ばしょ》として選《えら》んだ……。
……。
F8-18
く……く～。
パチン
ちっ、近寄《ちかよ》るな! どうせみんなここで死《し》ぬんだ。
金沢《かなざわ》さん……。

キミも実験《じっけん》！

ペットボトルロケット

ロケットはなぜ空《そら》を飛《と》ぶんだろう？　ペットボトルで実験《じっけん》してみよう！

用意《ようい》するもの

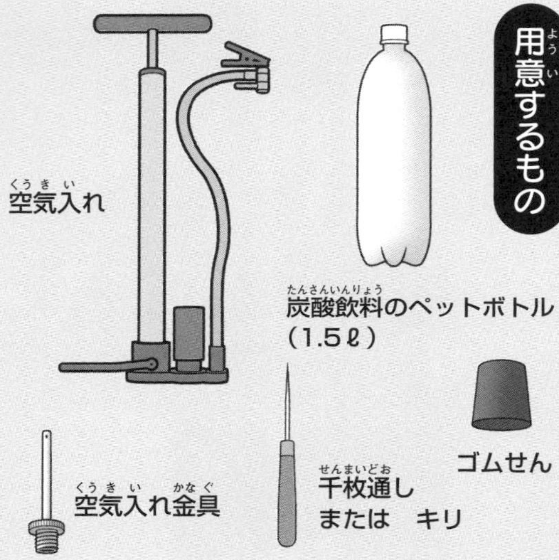

空気入《くうきい》れ
炭酸飲料《たんさんいんりょう》のペットボトル（1.5ℓ）
ゴムせん
空気入《くうきい》れ金具《かなぐ》
千枚通《せんまいどお》し
または　キリ

①ゴムせんに穴《あな》をあけよう

千枚通《せんまいどお》しかキリでゴムせんに穴《あな》をあけよう。ゴムせんはホームセンターなどで購入《こうにゅう》できるよ。千枚通《せんまいどお》しやキリを使《つか》う時《とき》は、ケガをしないように注意《ちゅうい》してね！

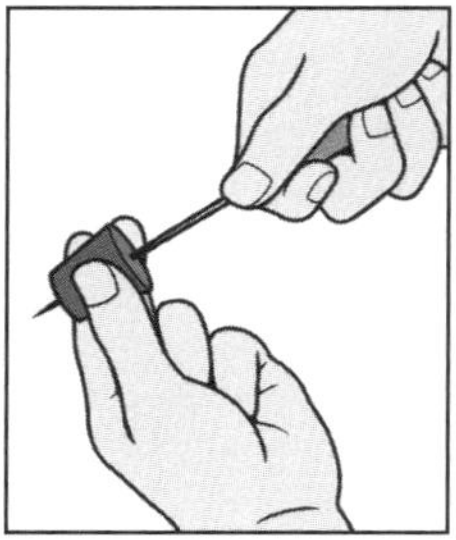

②穴《あな》に空気入《くうきい》れ金具《かなぐ》をさしこもう

自転車店《じてんしゃてん》などで購入《こうにゅう》した空気入《くうきい》れ金具《かなぐ》をゴムせんの穴《あな》にさしこもう。図《ず》のように、ゴムせんの太《ふと》い方《ほう》から細《ほそ》い方《ほう》へ向《む》かって金具《かなぐ》をさしこんでね。

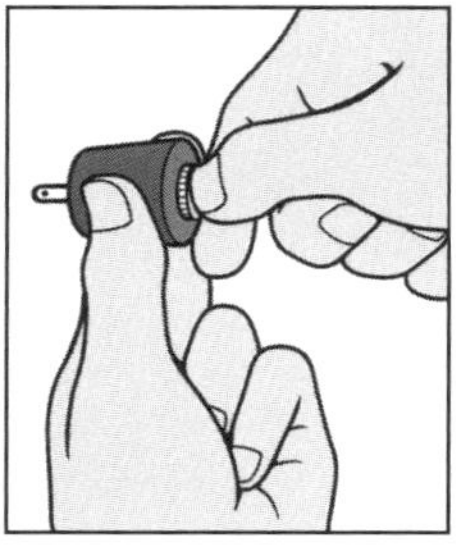

③ ペットボトルに水《みず》を入《い》れよう

飲《の》み終《お》えた炭酸飲料《たんさんいんりょう》のペットボトルに水道水《すいどうすい》を三分《さんぶん》の一《いち》くらいまで入《い》れ、手順《てじゅん》2で作《つく》ったゴムせんでふたをしよう。せんは、ちょっと引《ひ》っ張《ぱ》っただけではぬけないくらい、しっかりとねじこんでね。

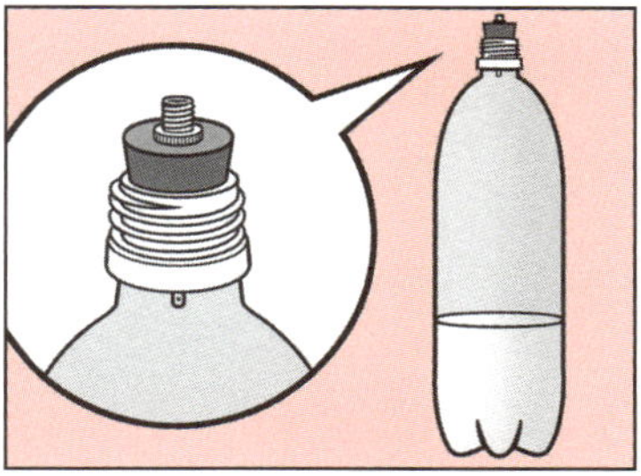

④ ペットボトルに空気《くうき》を入《い》れよう

金具《かなぐ》に空気入《くうきい》れをセットしたら、逆《さか》さにしてゴムせんを持《も》ち、ほかの人《ひと》に空気《くうき》を入《い》れてもらおう。ペットボトルの中《なか》の気圧《きあつ》が高《たか》まって、ゴムせんがたえられなくなると、勢《いきお》いよく発射《はっしゃ》されるよ。

⑤ ロケットみたいに勢《いきお》いよく飛《と》んだ！

ペットボトルからは水《みず》がふん射《しゃ》される。ぬれてもいい服装《ふくそう》で実験《じっけん》しよう。

必《かなら》ず炭酸飲料《たんさんいんりょう》用《よう》のペットボトルを使《つか》おう。校庭《こうてい》など広《ひろ》い場所《ばしょ》で実験《じっけん》し、絶対人《ぜったいひと》には向《む》けないこと！

？ 作用《さよう》と反作用《はんさよう》

ある物《もの》に力《ちから》を加《くわ》えると、必《かなら》ず反対方向《はんたいほうこう》に働《はたら》く力《ちから》が生《う》まれる。これが「作用《さよう》と反作用《はんさよう》」だ。

宇宙船《うちゅうせん》を打《う》ち上《あ》げるロケットは、燃料《ねんりょう》を燃《も》やしてできたガスを高速《こうそく》でふん射《しゃ》し、その反作用《はんさよう》で飛《と》ぶ。ペットボトルも、空《くう》気《き》の圧力《あつりょく》で水《みず》を後《うし》ろにふん射《しゃ》して飛《と》んだんだ。

試《ため》しに、水《みず》を入《い》れずに空気《くうき》だけでも飛《と》ばしてみよう。空気《くうき》は水《みず》より質量《しつりょう》が小《ちい》さいので、作用《さよう》する力《ちから》が弱《よわ》く、あまり飛《と》ばないことが分《わ》かるはずだ。

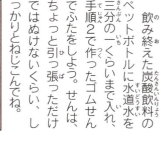

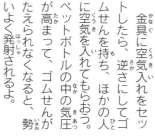

キミも実験《じっけん》!

ペットボトルトラック

今度《こんど》はペットボトルでトラックを作《つく》って、「作用《さよう》と反作用《はんさよう》」の実験《じっけん》をしてみよう!

用意《ようい》するもの

ダンボール
単一乾電池《たんいちかんでんち》
ストロー×2本《ほん》
長方形《ちょうほうけい》のペットボトル（2ℓ）
千枚通《せんまいどお》し
セロハンテープ
竹《たけ》ぐし×2本《ほん》
ペットボトルのキャップ×8個《こ》

① キャップでタイヤを作《つく》ろう

ペットボトルのキャップを2個《こ》ずつ、上《うえ》の方《ほう》の部分《ぶぶん》が背中合《せなかあ》わせになるようにセロハンテープではり合《あ》わせたら、竹《たけ》ぐしを通《とお》す穴《あな》を千枚通《せんまいどお》しで開《あ》けておこう。

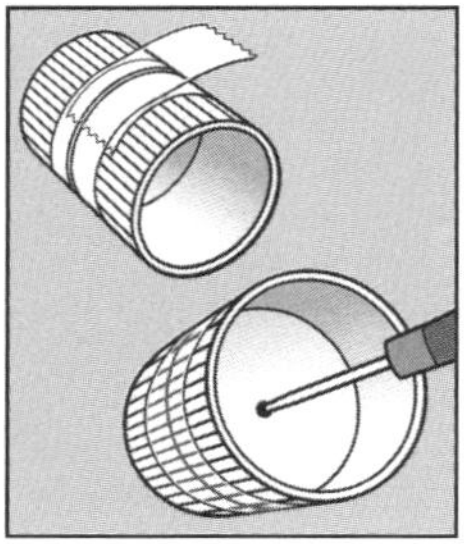

② ペットボトルにストローをつけよう

トラックの下《した》になる面《めん》に、ストロー2本《ほん》をセロハンテープでつける。これがタイヤを取《と》り付《つ》ける位置《いち》となるので、前後《ぜんご》の間《あいだ》を適度《てきど》にあけておこう。

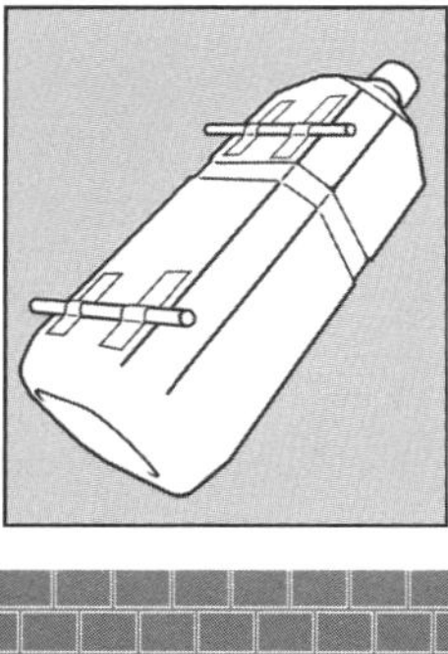

③竹《たけ》ぐしでタイヤを取《と》り付《つ》けよう

ストローに竹《たけ》ぐしを通《とお》し、それぞれの端《はし》に、手《て》順《じゅん》1で作《つく》ったタイヤを取《と》り付《つ》けよう。この時《とき》、竹《たけ》ぐしが指《ゆび》にささったりしないように気《き》をつけてね。また、竹《たけ》ぐしのとがった先端《せんたん》がタイヤからはみ出《で》ないように注意《ちゅうい》しよう。

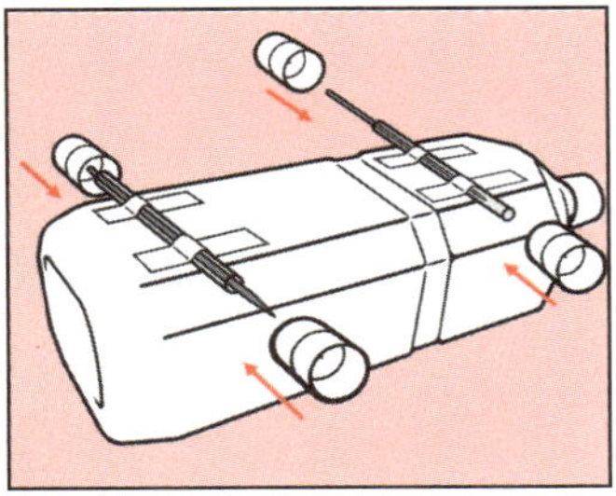

④ダンボールを図《ず》のようにカットする

ペットボトルの大《おお》きさにあわせて、ダンボールを図《ず》のようにカットしよう（カッターやはさみを使《つか》う時《とき》は、手《て》を切《き》らないように注意《ちゅうい》！）。赤《あか》い実線《じっせん》の部《ぶ》分《ぶん》は山折《やまおり》、点線《てんせん》の部《ぶ》分《ぶん》は軽《かる》く谷折《たにおり》のクセをつけておこう。

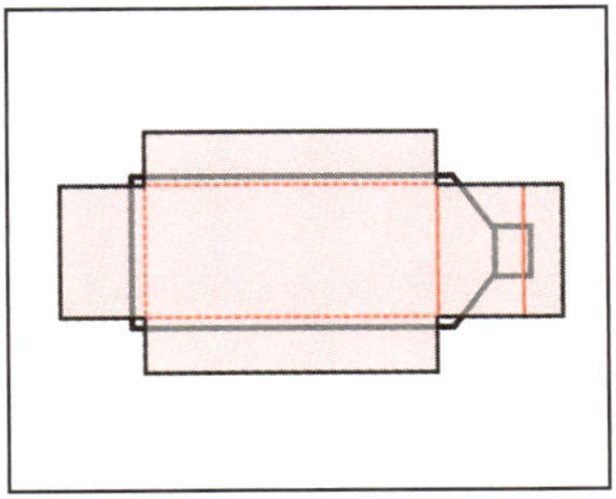

⑤トラックを組《く》み立《た》てよう

折《お》りクセをつけたダンボールを図《ず》のように、セロハンテープでペットボトルに取《と》り付《つ》けよう。ダンボールがすべり台《だい》のような形《かたち》になれば、ペットボトルトラックの完成《かんせい》だ。早速《さっそく》、乾電池《かんでんち》を用意《ようい》して、実験《じっけん》してみよう！

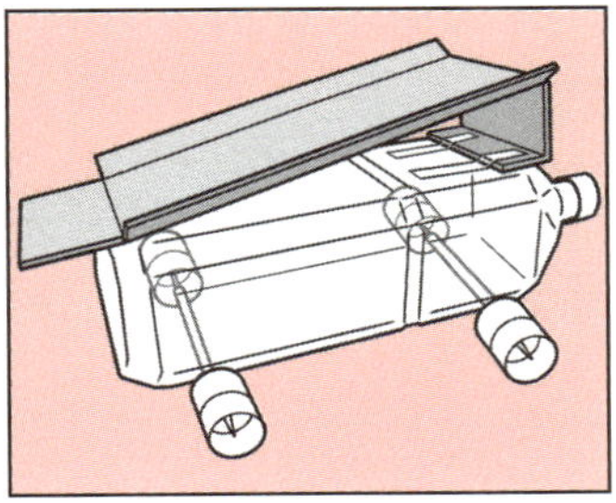

⑥電池《でんち》を転《ころ》がして作《さ》用《よう》と反作用《はんさよう》を観察《かんさつ》

ダンボールの坂《さか》の上《うえ》から電池《でんち》を転《ころ》がしてみよう。重《おも》い物《もの》が後《うし》ろに転《ころ》がり出《で》ることで（作用《さよう》）、トラックは前《まえ》へ進《すす》む（反作用《はんさよう》）。なお、電池《でんち》が割《わ》れたりしないよう、トラックの後《うし》ろにはタオルなどのクッションを置《お》いておこう。

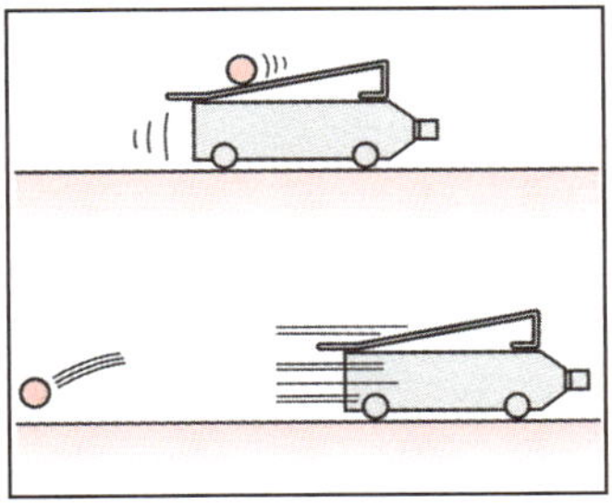

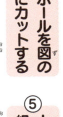

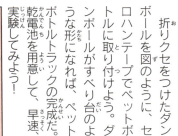

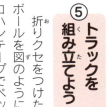

FILE《ファイル》 9 絶体絶命《ぜったいぜつめい》の宇宙船《うちゅうせん》WISH《ウィッシュ》を救《すく》え!

ついに解《と》き明《あ》かされた事件《じけん》の真相《しんそう》……。しかし、宇宙船《うちゅうせん》WISH《ウィッシュ》は今《いま》も絶体絶命《ぜったいぜつめい》の危機《きき》にさらされたまま……若井《わかい》さんの決死《けっし》の船外活動《せんがいかつどう》の結果《けっか》は!?

それ以上《いじょう》、近《ちか》づくな!!
F9-1
金沢《かなざわ》さん……。
どうせ、もうすぐみんな死《し》んでしまうんだ!
金沢《かなざわ》さん!バカなことはやめるんだ。
毛利《もうり》さん……さすがに見事《みごと》な推理《すいり》でした。

確《たし》かに私《わたし》は不治《ふじ》の病《やまい》に犯《おか》されています。
そのことを妻《つま》にも隠《かく》し、このツアーに参加《さんか》しました。
なにしろ宇宙《うちゅう》は子《こ》どものころからの夢《ゆめ》でしたからね。
それなのになぜ？
だからこそですよ！
はじめのうちは死《し》ぬ前《まえ》にひと目《め》、宇宙《うちゅう》を見《み》られるだけで満足《まんぞく》でした。
ですが……
日《ひ》が経《た》つにつれ……、
これから本格的《ほんかくてき》な宇宙旅行時代《うちゅうりょこうじだい》が来《く》るという時《とき》に、
死《し》ななければならない自分《じぶん》の運命《うんめい》をのろうようになったのです。

F9-2

小泉《こいずみ》さんが実験室《じっけんしつ》に入《はい》ってきた時《とき》も、私《わたし》は一人《ひとり》、もの思《おも》いにふけっていました。
そして、見《み》るとはなしにパソコンのモニターを見《み》て、小泉《こいずみ》さんのやろうとしてることをさとったのです。
あの時《とき》は無我夢中《むがむちゅう》で……小泉《こいずみ》さんを止《と》めようと争《あらそ》っているうち……。
そして我《われ》に返《かえ》った時《とき》、
私《わたし》の中《なか》の悪魔《あくま》がこうささやいたのです。
宇宙開発《うちゅうかいはつ》の未来《みらい》は今《いま》、おまえの手《て》ににぎられている……と。

F9-3

このままWISH《ウィッシュ》とデブリを衝突《しょうとつ》させれば、
地球《ちきゅう》は無数《むすう》のデブリに包《つつ》まれ、
人類《じんるい》は2度《ど》と宇宙空間《うちゅうくうかん》へ飛《と》び立《た》てなくなる。
このすばらしい宇宙《うちゅう》の眺《なが》めをひとり占《じ》めしたまま私《わたし》は死《し》ねるんです！
彼女《かのじょ》には息《いき》を吹《ふ》き返《かえ》されては困《こま》るので、かわいそうだが、死《し》んでもらうことにしました。
プシューッ
だが、自分《じぶん》で手《て》を下《くだ》す勇気《ゆうき》はなかったので……実験室《じっけんしつ》の空調《くうちょう》を止《と》めることにしました。
ピッ

F9-4

空調《くうちょう》を止《と》める？
そう。
宇宙船《うちゅうせん》の中《なか》は見《み》かけ上《じょう》の重力《じゅうりょく》がないから、空気《くうき》の対流《たいりゅう》が起《お》こらないでしょ？
だから——
空調《くうちょう》を止《と》めてしまうと、自分《じぶん》が吐《は》いた二酸化炭素《にさんかたんそ》が顔《かお》の周《まわ》りにとどまってしまうの。
吐《は》いた息《いき》
二酸化炭素《にさんかたんそ》
起《お》きて活動《かつどう》している時《とき》ならともかく、寝《ね》たり、気絶《きぜつ》をしていると……。
そうか！それで小泉《こいずみ》さんはちっ息状態《そくじょうたい》に……。
あなた！バカなことはやめて！

F9-5

あなたの書《しょ》さいで診断書《しんだんしょ》を見《み》つけて……、
すぐに知《し》り合《あ》いの大学病院《だいがくびょういん》の先生《せんせい》に電話《でんわ》をしたの。
そうしたら……。
あなたと同《おな》じ病気《びょうき》の研究《けんきゅう》をしている病院《びょういん》が東北《とうほく》にあって、そこで手術《しゅじゅつ》を受《う》ければ助《たす》かる可能性《かのうせい》があるって……。
そ……そんなバカな……。
な……なんてことだ……。
今《いま》すぐWISH《ウィッシュ》の軌道《きどう》を元《もと》にもどして、地球《ちきゅう》に帰《かえ》ってきてください。
……しかし……
今《いま》となってはもう手《て》おくれ……。

F9-6

息《いき》を吹《ふ》き返《かえ》したものの、私《わたし》は小泉《こいずみ》さんを殺《ころ》そうとしてしまった……。
それに、
操作《そうさ》システムにロックをかけたのは、私《わたし》ではなく小泉《こいずみ》さん……。
パスワードを知《し》る彼女《かのじょ》が意識《いしき》を取《と》りもどさない限《かぎ》り私《わたし》にはどうしようも……。
だから私《わたし》は、
責任《せきにん》を取《と》って……。
ここで命《いのち》を……。
!!

F9-7

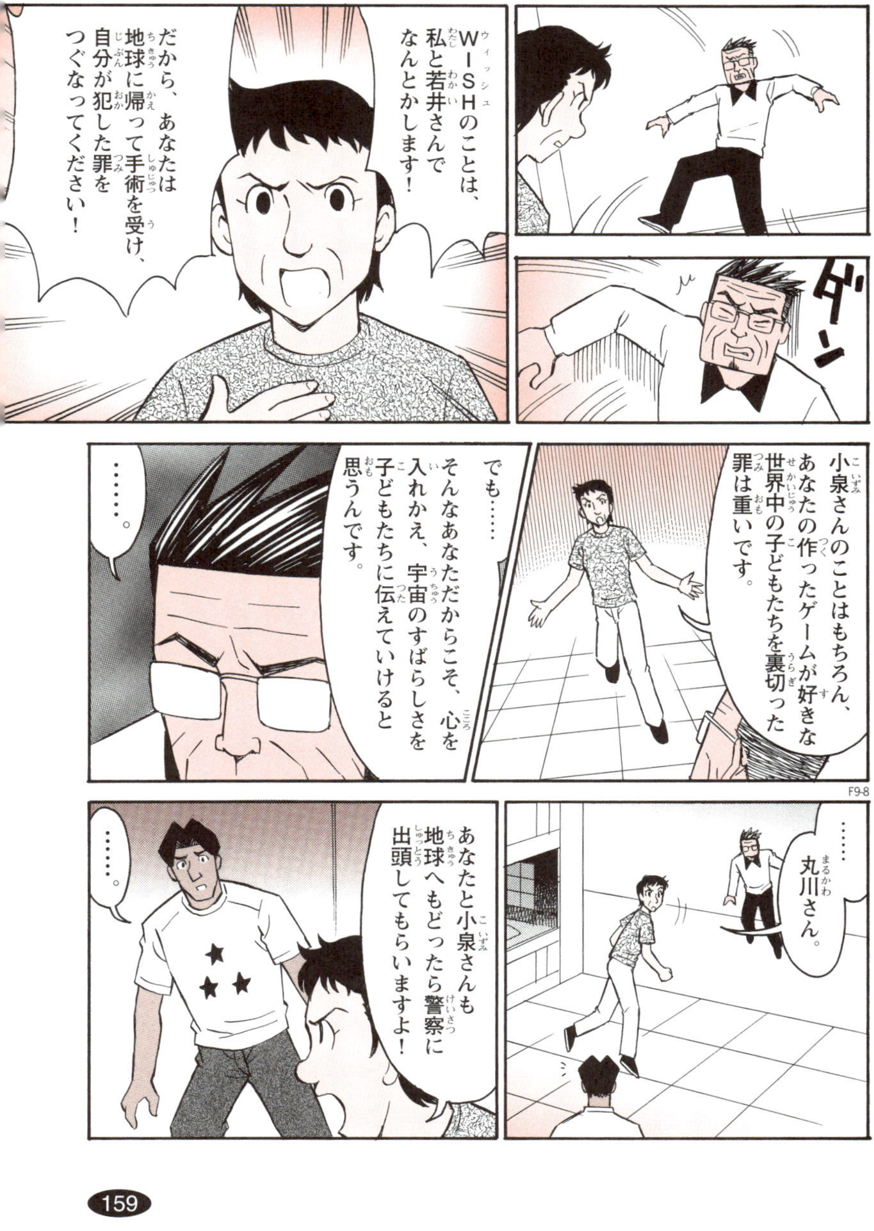
ダン
WISH《ウィッシュ》のことは、私《わたし》と若井《わかい》さんでなんとかします！
だから、あなたは地球《ちきゅう》に帰《かえ》って手術《しゅじゅつ》を受《う》け、自分《じぶん》が犯《おか》した罪《つみ》をつぐなってください！
小泉《こいずみ》さんのことはもちろん、あなたの作《つく》ったゲームが好《す》きな世界中《せかいじゅう》の子《こ》どもたちを裏切《うらぎ》った罪《つみ》は重《おも》いです。
でも……そんなあなただからこそ、心《こころ》を入《い》れかえ、宇宙《うちゅう》のすばらしさを子《こ》どもたちに伝《つた》えていけると思《おも》うんです。
……。
……丸川《まるかわ》さん。
あなたと小泉《こいずみ》さんも地球《ちきゅう》へもどったら警察《けいさつ》に出頭《しゅっとう》してもらいますよ！
……。

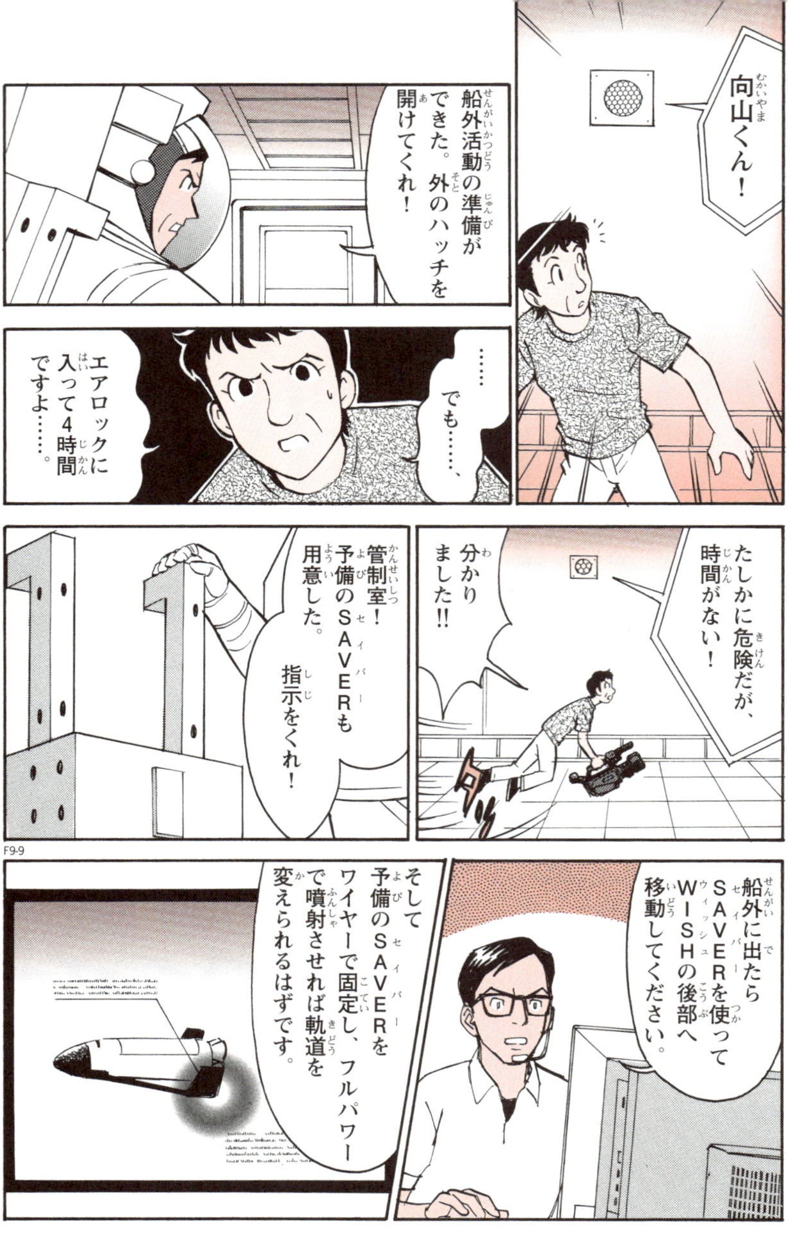
向山《むかいやま》くん！
船外活動《せんがいかつどう》の準備《じゅんび》ができた。外《そと》のハッチを開《あ》けてくれ！
……でも……、
エアロックに入《はい》って4時間《じかん》ですよ……。
たしかに危険《きけん》だが、時間《じかん》がない！
分《わ》かりました!!
管制室《かんせいしつ》！予備《よび》のSAVER《セイバー》も用意《ようい》した。
指示《しじ》をくれ！
船外《せんがい》に出《で》たらSAVER《セイバー》を使《つか》ってWISH《ウィッシュ》の後部《こうぶ》へ移動《いどう》してください。
そして予備《よび》のSAVER《セイバー》をワイヤーで固定《こてい》し、フルパワーで噴射《ふんしゃ》させれば軌道《きどう》を変《か》えられるはずです。
F9-9

セイバーって？
SAVER《セイバー》は、セルフレスキュー推進装置《すいしんそうち》を改良《かいりょう》したもの。
船外活動中《せんがいかつどうちゅう》、あやまって宇宙空間《うちゅうくうかん》に放《ほう》り出《だ》されてしまった時《とき》などに、宇宙船《うちゅうせん》まで自力《じりき》でもどってくるための装置《そうち》ですよ。
そうか！　動《うご》かなくなった姿勢制御《しせいせいぎょ》エンジンの代《か》わりに、SAVER《セイバー》を使《つか》うのか！
だいじょうぶかしら……。
きっとうまくいきますよ。
若井《わかい》さん、ハッチを開《あ》けます。
ピッ
プシュー
F9-10

フワッ
残《のこ》された時間《じかん》はあとわずか……。
あの青《あお》い、美《うつく》しい地球《ちきゅう》に必《かなら》ず帰《かえ》るぞ……!!
若井《わかい》さん、がんばって。
プシューーッ

F9-11

チャッ
よし！　WISH《ウイッシュ》の後部《こうぶ》まで来《き》たぞ。
カチャ
カチャ

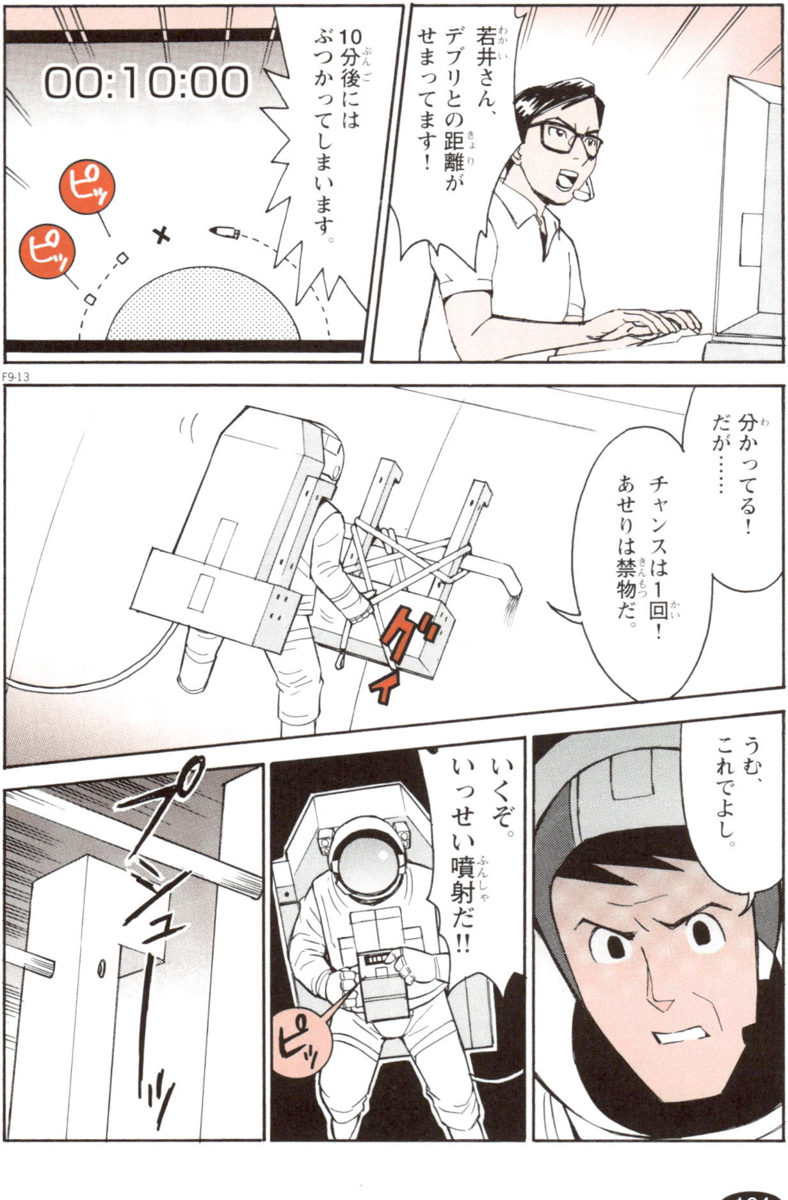
若井《わかい》さん、デブリとの距離《きょり》がせまってます！
10分後《ぶんご》にはぶつかってしまいます。
00:10:00
ピッ
ピッ
分《わ》かってる！だが……
チャンスは1回《かい》！あせりは禁物《きんもつ》だ。
グイ
うむ、これでよし。
いくぞ。いっせい噴射《ふんしゃ》だ!!
ピッ
プシューーッ

F9-13

シュオオオオオ
たのむ、動《うご》いてくれ！
無重力空間《むじゅうりょくくうかん》とはいえ、WISH《ウィッシュ》の質量《しつりょう》はとても大《おお》きいわ……。
SAVER《セイバー》1台《だい》じゃWISH《ウィッシュ》を動《うご》かすのはムリなのか……!?
F9-14
くそっ……1台《だい》じゃダメか……。
ならばこっちも全開《ぜんかい》だっ!!
シュオオオオオオ
動《うご》け！
オオオオオオ
動《うご》けえええ！

ク
クッ
−00:01:25
ピピッ
やった、成功《せいこう》だ!!
わあああああ
ん?なんだ?
助《たす》かった。
ほ……本当《ほんとう》によかった……。

F9-15

……。
ヨロッ
小泉《こいずみ》さん、気《き》がついたのね。
わ……私《わたし》……。
すべては地球《ちきゅう》に帰《かえ》ってから。まだやるべきことがたくさんあるわ!
……。
ぽっ〜ん
コナン……おせーな。
あっ、いけね。元太《げんた》、忘《わす》れてた。

F9-16

コナンと実験《じっけん》！

リフティングボディ

本書《ほんしょ》14ページでコナンが説明《せつめい》している、宇宙船《うちゅうせん》が滑空《かっくう》する仕組《しく》みを実験《じっけん》しよう！

用意《ようい》するもの

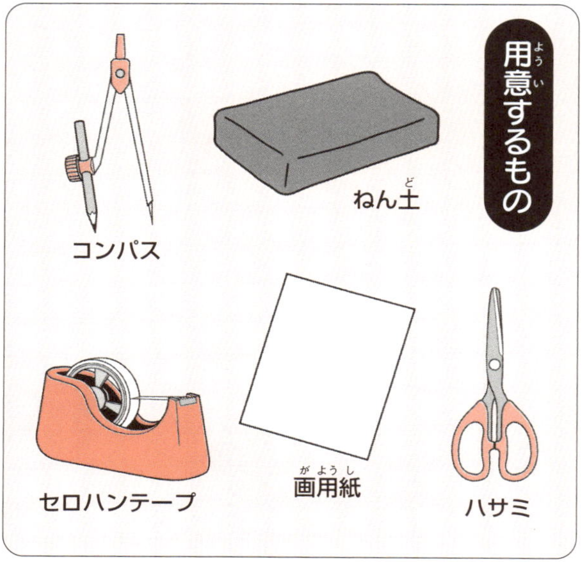

① 画用紙《がようし》に円《えん》を描《えが》き、切《き》りぬこう

画用紙《がようし》に半径《はんけい》15㎝くらいの円《えん》をコンパスで描《えが》いたあと、その円《えん》の一部《いちぶ》を、ハサミなどで図《ず》のようにおおぎ形《がた》に切《き》りぬこう。手《て》を切《き》らないように注意《ちゅうい》してね。

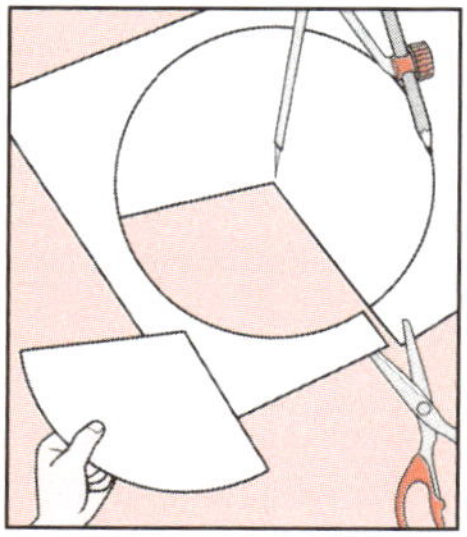

② 切《き》りぬいた画用紙《がようし》で円《えん》すいを作《つく》ろう

切《き》りぬいた画用紙《がようし》を丸《まる》めて円《えん》すいを作《つく》り、セロハンテープでとめる。この円《えん》すいを頭《あたま》の高《たか》さから落《お》としたら、どんな落《お》ち方《かた》をするか確《たし》かめよう。

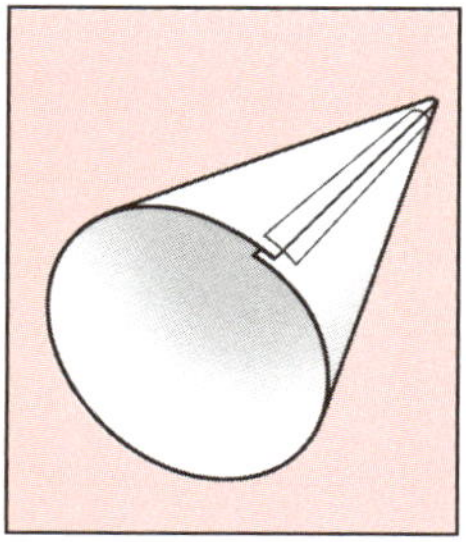

③ ねん土《ど》の重《おも》りでバランスを取《と》ろう

円《えん》すいの中《なか》に、ねん土《ど》の重《おも》りを入《い》れてみよう。図《ず》で示《しめ》したあたりに重《おも》りを付《つ》けるとバランスが取《と》れる。この状態《じょうたい》で、さっきと同《おな》じように円《えん》すいを上《うえ》から落《お》としてみよう。さっきよりも、滑空《かっくう》する感《かん》じになってきたはずだ。

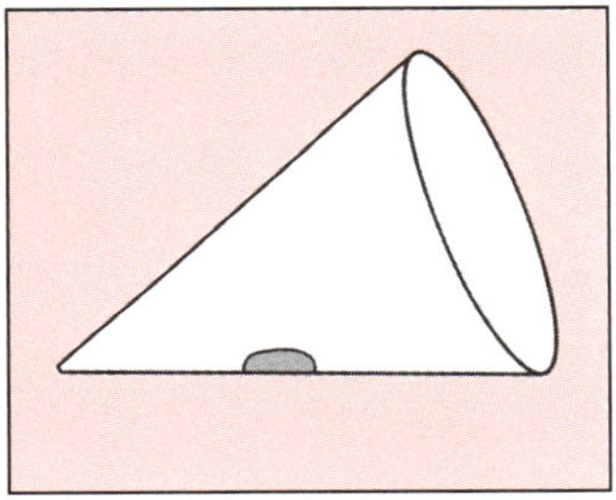

④ 安定板《あんていばん》を取《と》り付《つ》け円《えん》すいをつぶす

画用紙《がようし》の残《のこ》りから羽《はね》を2枚《まい》切《き》りぬき、セロハンテープでしゃ線《せん》の部分《ぶぶん》を円《えん》すいに止《と》めると、姿勢《しせい》を安定《あんてい》させるための安定《あんてい》板《ばん》になる。さらに円《えん》すいが空気《くうき》を受《う》けとめやすくなるよう、図《ず》のように円《えん》すいを少《すこ》しつぶそう。

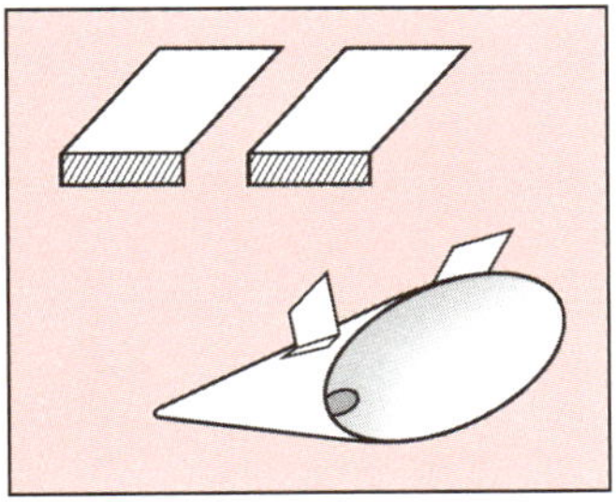

⑤ リフティングボディを滑空《かっくう》させよう

今《いま》、キミが作《つく》った物《もの》はリフティングボディという。翼《つばさ》のある飛行機《ひこうき》とはちがい、ボディ全体《ぜんたい》で空《くう》気《き》を受《う》けとめて滑空《かっくう》するんだ。円《えん》すいだけの時《とき》と、完成《かんせい》したリフティングボディとで、落《お》ち方《かた》のちがいを確《たし》かめてみてね。

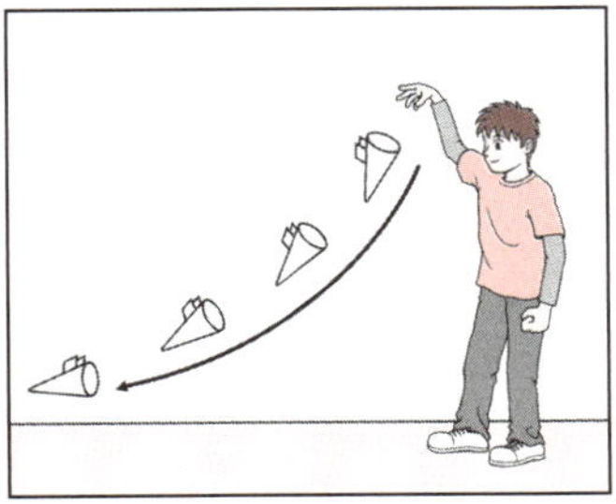

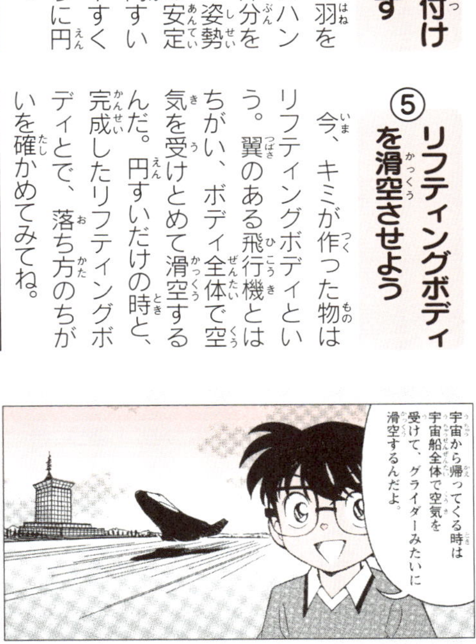
宇宙《うちゅう》から帰《かえ》ってくる時《とき》は宇宙船全体《うちゅうせんぜんたい》で空気《くうき》を受《う》けて、グライダーみたいに滑空《かっくう》するんだよ。

キミの周《まわ》りでも宇宙《うちゅう》の技術《ぎじゅつ》が使《つか》われている！

宇宙開発《うちゅうかいはつ》のために生《う》まれた技術《ぎじゅつ》が、キミの生活《せいかつ》にも生《い》かされているよ！

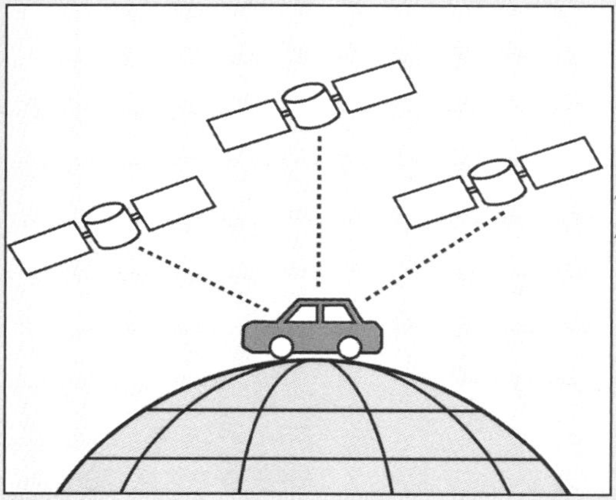

カーナビは、車《くるま》に取《と》り付《つ》けたアンテナが衛星《えいせい》からの信号《しんごう》を受信《じゅしん》することで位置《いち》を確認《かくにん》している。正確《せいかく》な位置《いち》を表示《じ》するため、複数《ふくすう》の衛星《えいせい》の信号《しんごう》を受信《じゅしん》しているんだ。

これまでの宇宙開発《うちゅうかいはつ》の歴史《れきし》の中《なか》では、いろいろな技術《ぎじゅつ》が生《う》み出《だ》されてきた。それらの技術《ぎじゅつ》は宇宙《うちゅう》で使《つか》われるだけでなく、応《おう》用《よう》された形《かたち》でみんなの生活《せいかつ》にも利用《りよう》されているんだ。

例《たと》えばみんなは、小《ちい》さなモニター上《じょう》の地図《ちず》で、自分《じぶん》の車《くるま》の現在地《げんざいち》を知《し》ることができる「カー・ナビゲーション・システム（カーナビ）」を知《し》っているよね？　あのカーナビは、車《くるま》に取《と》り付《つ》けたアンテナで宇宙《うちゅう》の衛《えい》星《せい》からの信号《しんごう》をつかまえることで、自分《じぶん》が今《いま》いる場所《ばしょ》を確認《かくにん》しているんだよ。

同《おな》じように、衛星《えいせい》からの情報《じょうほう》を有効《ゆうこう》に利用《りよう》しているのが「天気予報《てんきよほう》」。気象衛《きしょうえい》星《せい》による雲《くも》の動《うご》きの観測《かんそく》データは、天気《てんき》を正確《せいかく》に予報《よほう》するため、今《いま》や欠《か》かせないものになっているんだ。

次《つぎ》は、家《いえ》の中《なか》でも「宇宙《うちゅう》の技術《ぎじゅつ》」を探《さが》してみよう。冷蔵庫《れいぞうこ》のとびらを開《あ》け

地上《ちじょう》でも使《つか》われている宇宙《うちゅう》の技術《ぎじゅつ》

ハセップ

断熱《だんねつ》シート

スペースシャトル用《よう》の断熱材《だんねつざい》が、レーシングカーにも応用《おうよう》されている。

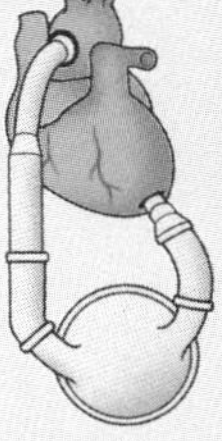

人工心臓《じんこうしんぞう》

スペースシャトルのポンプに使《つか》われている技術《ぎじゅつ》を応用《おうよう》している。

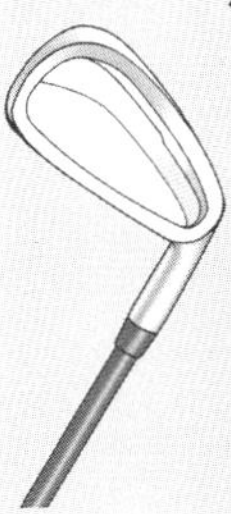

形状記憶合金《けいじょうきおくごうきん》

温度《おんど》により形《かたち》を変《か》える性質《せいしつ》を持《も》つ金属《きんぞく》。ゴルフクラブなどに使《つか》われている。

安眠《あんみん》まくら

て、バターやチーズなどの乳製品《にゅうせいひん》を見《み》てみると、中《なか》には「ハセップ（HACCP）」というマークの付《つ》いた製品《せいひん》が見《み》つかるかもしれない。

このハセップは、アメリカのNASA《ナサ》で考《かんが》えられた食《しょく》品《ひん》の安全管理《あんぜんかんり》の方法《ほうほう》のこと。宇宙飛行士《うちゅうひこうし》が宇宙《うちゅう》で食《しょく》中毒《ちゅうどく》にかかったりすることのないよう、食品《しょくひん》が完成《かんせい》するまでの作《つく》る過程《かてい》を厳《きび》しく管理《かんり》して、食品《しょくひん》の安全性《あんぜんせい》を高《たか》めようとする方法《ほうほう》なんだ。つまり、ハセップのマークが付《つ》いた食品《しょくひん》は、宇宙《うちゅう》食《しょく》と同《おな》じ、厳《きび》しい安全管理《あんぜんかんり》のもとで作《つく》られたものと言《い》えるだろう。

今度《こんど》は寝室《しんしつ》を見《み》てみよう。キミは寝心地《ねごこち》の良《よ》い「安眠《あんみん》まくら」を知《し》っているかな？ 体温《たいおん》と体圧《たいあつ》で形《かたち》が変化《へんか》し、頭《あたま》と首《くび》をぴったりサポートしてくれる特殊《とくしゅ》な素材《そざい》で作《つく》られたまくらなんだけど、実《じつ》はこの素材《そざい》も、NASA《ナサ》が宇宙飛行士《うちゅうひこうし》のために開発《かいはつ》した物質《ぶっしつ》が元《もと》になっている。打《う》ち上《あ》げの時《とき》に宇宙飛行士《うちゅうひこうし》の体《からだ》にかかる重《じゅう》力《りょく》をやわらげようと開発《かいはつ》された物質《ぶっしつ》を改良《かいりょう》して、さらに利用《りよう》したものなんだ。

ハセップなどの例《れい》は、厳《きび》しい宇宙環境《うちゅうかんきょう》で過《す》ごす宇宙《うちゅう》飛行士《ひこうし》のために開発《かいはつ》された技術《ぎじゅつ》が、私《わたし》たちの生活《せいかつ》に利《り》用《よう》されていることを示《しめ》している。ほかにも、宇宙技術《うちゅうぎじゅつ》を応用《おうよう》したものは身《み》の回《まわ》りにたくさんあるんだよ。

新一《しんいち》、みのりヶ島《しま》ではお手柄《てがら》じゃったな。
いや……。

F10-1

本当《ほんとう》のヒーローは若井《わかい》さんと向山《むかいやま》さんだよ。

FILE《ファイル》 10 アインシュタイン博士《はかせ》の相対性理論《そうたいせいりろん》

宇宙船《うちゅうせん》WISH《ウィッシュ》で起《お》きた事件《じけん》を解決《かいけつ》し、米花市《べいかし》へもどってきたコナンたち。しかし、みんなで集《あつ》まった阿笠博士《あがさはかせ》の研究所《けんきゅうじょ》では、さらに大《おお》きな謎《なぞ》が待《ま》っていた！

あのあと小泉《こいずみ》さんが操作《そうさ》システムのロックを解除《かいじょ》して、無事《ぶじ》に帰《かえ》ってこれてよかったわね。
金沢《かなざわ》さんの手術《しゅじゅつ》も成功《せいこう》したそうじゃな。
ああ。今《いま》は入院先《にゅういんさき》で、警察《けいさつ》の事情聴取《じじょうちょうしゅ》を受《う》けてるらしいよ。
小泉《こいずみ》さんも、丸川《まるかわ》さんも今《いま》ではすっかりこうかいしてて……。
3人《にん》とも罪《つみ》をつぐなったあとは、宇宙《うちゅう》のすばらしさを子《こ》どもたちに伝《つた》える活動《かつどう》を始《はじ》めるんだってさ。
ま、日本初《にっぽんはつ》の宇宙旅行《うちゅうりょこう》にケチはついてしまったが、最悪《さいあく》の事態《じたい》はまぬがれたし……。
あのやり手《て》の社長《しゃちょう》のことだから、すぐにツアーも再開《さいかい》されるじゃろうな。
ムスッ
こんにちは〜。

F10-2

博士《はかせ》、今日《きょう》はなんの話《はなし》ですか？
コナ〜ン、みのりヶ島《しま》ではよくも〜。
すまんすまん。
みんな、せっかく重力《じゅうりょく》の勉強《べんきょう》をしてきたのじゃから、最後《さいご》にアインシュタイン博士《はかせ》の話《はなし》をしようと思《おも》っての。
アインシュタイン？
うむ。
わしが尊敬《そんけい》する天才物理学者《てんさいぶつりがくしゃ》じゃ。
そこに写真《しゃしん》がかかっておるぞ。
アルベルト・アインシュタイン（1879年《ねん》〜1955年《ねん》）
相対性理論《そうたいせいりろん》などで知《し》られる、ドイツ出身《しゅっしん》の物理学者《ぶつりがくしゃ》。1921年《ねん》にはノーベル物理学《ぶつりがく》賞《しょう》を受賞《じゅしょう》し、天才《てんさい》と言《い》われた。
ほっほっほっほ
え〜、これが天才《てんさい》かよ〜!?
なんか信《しん》じられなーい。

F10-3

アインシュタイン博士《はかせ》っていえば「相対性理論《そうたいせいりろん》」よね。
ぐにょ〜ん
ああ、距離《きょり》も時間《じかん》も、動《うご》いている人《ひと》の速《はや》さによって変《か》わってしまうってやつだな。
意味《いみ》分《わ》かんね〜よ。
どーいうこと？
いや……おれも実《じつ》はよく分《わ》かんねーんだ。
も〜。
アインシュタイン博士《はかせ》は1905年《ねん》に特殊相対性理論《とくしゅそうたいせいりろん》を発表《はっぴょう》した。これは、それまでの時間《じかん》と空間《くうかん》についての常識《じょうしき》をくつがえすものだった。
「光《ひかり》の速《はや》さはどんな時《とき》でも変《か》わらない」。じゃが、「時間《じかん》と距離《きょり》は一定《いってい》ではない」ということを博士《はかせ》は解明《かいめい》した。

F10-4

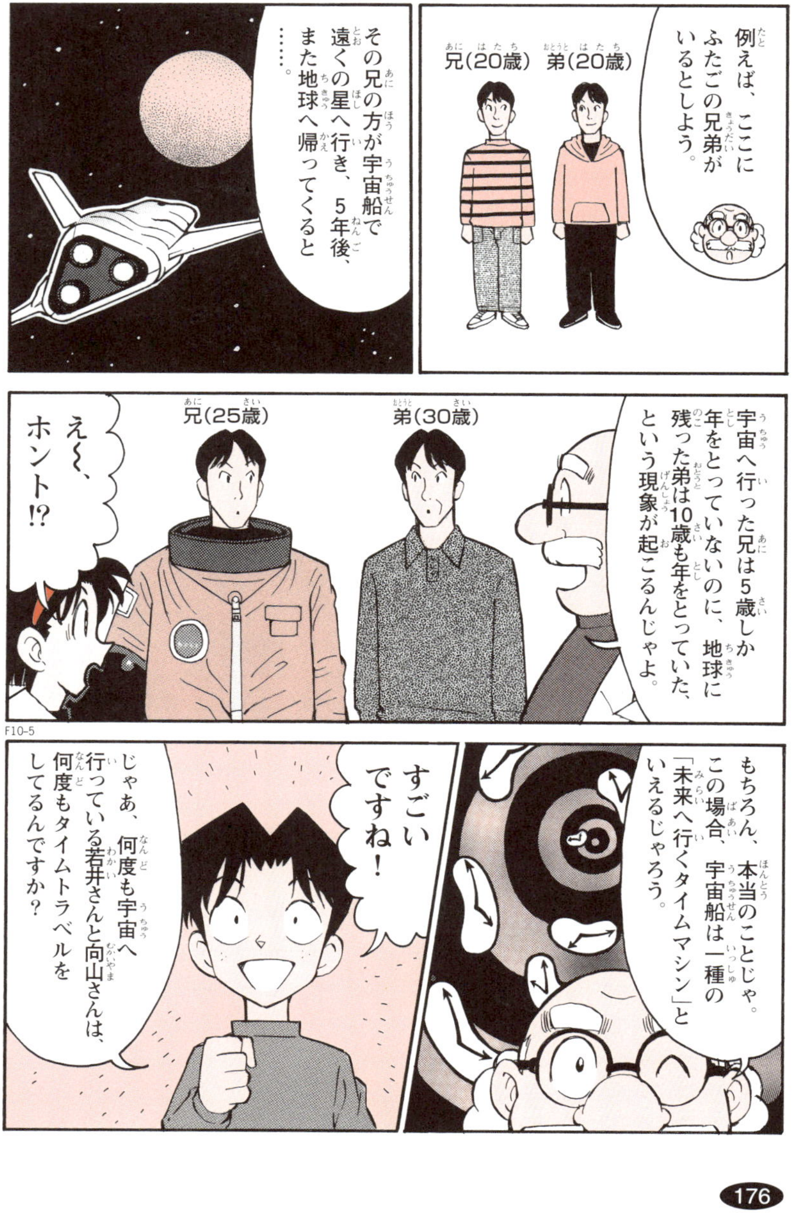
例《たと》えば、ここにふたごの兄弟《きょうだい》がいるとしよう。
兄《あに》(20歳《はたち》)
弟《おとうと》(20歳《はたち》)
その兄《あに》の方《ほう》が宇宙船《うちゅうせん》で遠《とお》くの星《ほし》へ行《い》き、5年後《ねんご》、また地球《ちきゅう》へ帰《かえ》ってくると……。
宇宙《うちゅう》へ行《い》った兄《あに》は5歳《さい》しか年《とし》をとっていないのに、地球《ちきゅう》に残《のこ》った弟《おとうと》は10歳《さい》も年《とし》をとっていた、という現象《げんしょう》が起《お》こるんじゃよ。
弟《おとうと》(30歳《さい》)
兄《あに》(25歳《さい》)
え〜、ホント!?
もちろん、本当《ほんとう》のことじゃ。この場合《ばあい》、宇宙船《うちゅうせん》は一種《いっしゅ》の「未来《みらい》へ行《い》くタイムマシン」といえるじゃろう。
すごいですね!
じゃあ、何度《なんど》も宇宙《うちゅう》へ行《い》っている若井《わかい》さんと向山《むかいやま》さんは、何度《なんど》もタイムトラベルをしてるんですか?
F10-5

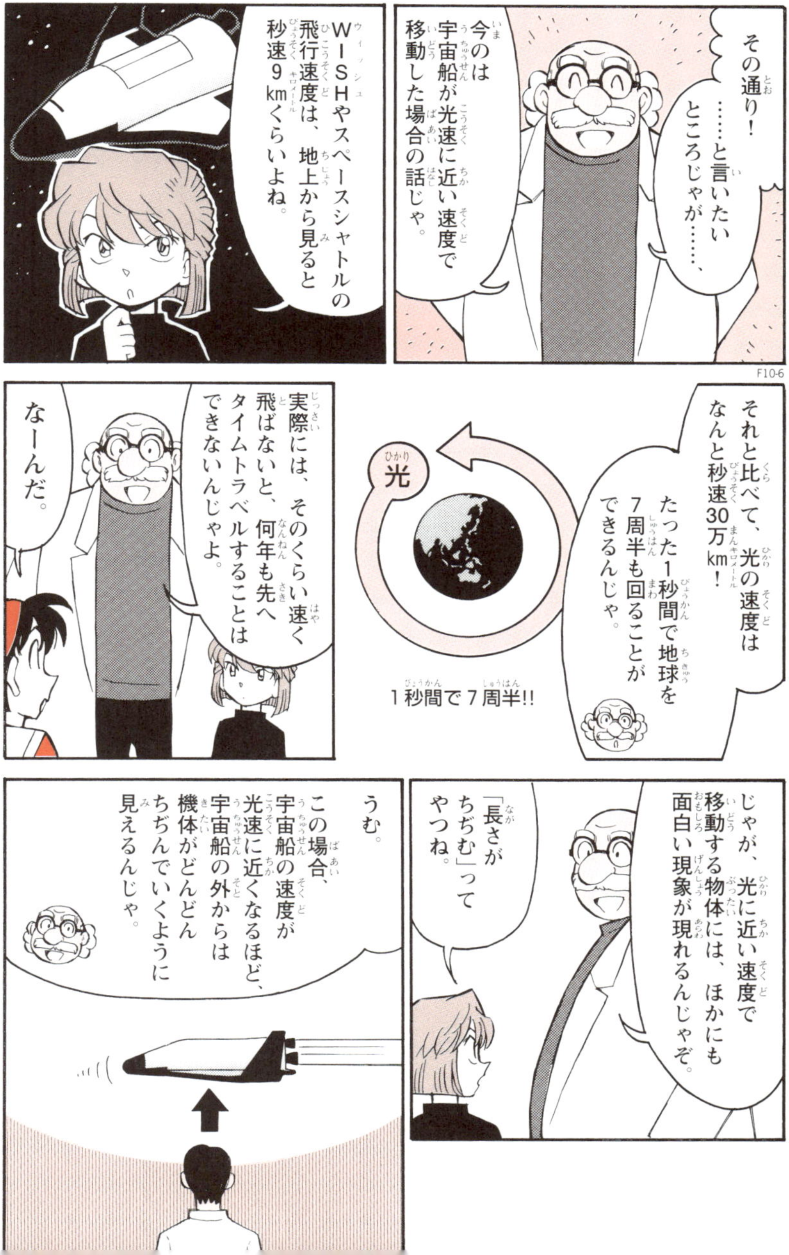

その通《とお》り！
……と言《い》いたいところじゃが……、
今《いま》のは宇宙船《うちゅうせん》が光速《こうそく》に近《ちか》い速度《そくど》で移動《いどう》した場合《ばあい》の話《はなし》じゃ。
WISH《ウィッシュ》やスペースシャトルの飛行速度《ひこうそくど》は、地上《ちじょう》から見《み》ると秒速《びょうそく》9km《キロメートル》くらいよね。
それと比《くら》べて、光《ひかり》の速度《そくど》はなんと秒速《びょうそく》30万《まん》km《キロメートル》！
たった1秒間《びょうかん》で地球《ちきゅう》を7周半《しゅうはん》も回《まわ》ることができるんじゃ。
光《ひかり》
1秒間《びょうかん》で7周半《しゅうはん》!!
実際《じっさい》には、そのくらい速《はや》く飛《と》ばないと、何年《なんねん》も先《さき》へタイムトラベルすることはできないんじゃよ。
なーんだ。
じゃが、光《ひかり》に近《ちか》い速度《そくど》で移動《いどう》する物体《ぶったい》には、ほかにも面白《おもしろ》い現象《げんしょう》が現《あらわ》れるんじゃぞ。
「長《なが》さがちぢむ」ってやつね。
うむ。
この場合《ばあい》、宇宙船《うちゅうせん》の速度《そくど》が光速《こうそく》に近《ちか》くなるほど、宇宙船《うちゅうせん》の外《そと》からは機体《きたい》がどんどんちぢんでいくように見《み》えるんじゃ。

F10-6

な〜博士《はかせ》〜、重力《じゅうりょく》の話《はなし》じゃなかったのかよ？
そうだったな。すまん、すまん。
アインシュタイン博士《はかせ》の重力《じゅうりょく》の話《はなし》は、今《いま》、たとえ話《ばなし》をした特殊相対性理論《とくしゅそうたいせいりろん》からおよそ10年後《ねんご》に発表《はっぴょう》された一般相対性理論《いっぱんそうたいせいりろん》というものじゃ。
一般相対性理論《いっぱんそうたいせいりろん》は特殊相対性理論《とくしゅそうたいせいりろん》を発展《はってん》させたものじゃから、まず説明《せつめい》しておいたのじゃよ。
一般相対性理論《いっぱんそうたいせいりろん》っていえば、太陽《たいよう》の近《ちか》くで光《ひかり》が曲《ま》がる話《はなし》が有名《ゆうめい》よね。
あっ、それ知《し》ってる！

F10-7

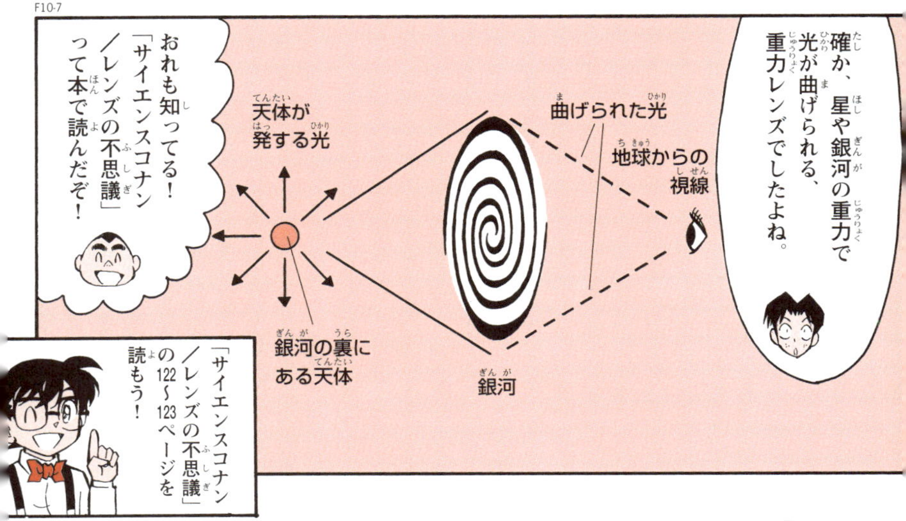
確《たし》か、星《ほし》や銀河《ぎんが》の重力《じゅうりょく》で光《ひかり》が曲《ま》げられる、重力《じゅうりょく》レンズでしたよね。
曲《ま》げられた光《ひかり》
地球《ちきゅう》からの視線《しせん》
天体《てんたい》が発《はっ》する光《ひかり》
銀河《ぎんが》
銀河《ぎんが》の裏《うら》にある天体《てんたい》
おれも知《し》ってる！「サイエンスコナン／レンズの不思議《ふしぎ》」って本《ほん》で読《よ》んだぞ！
「サイエンスコナン／レンズの不思議《ふしぎ》」の122〜123ページを読《よ》もう！

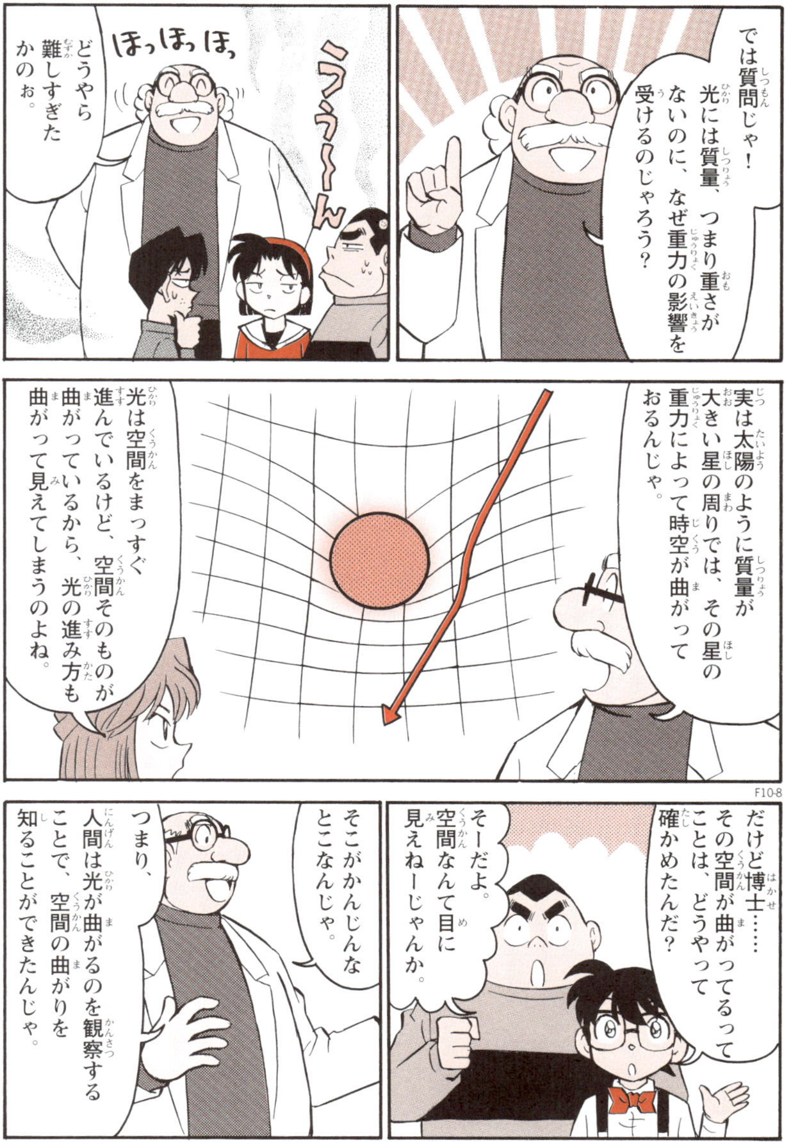
では質問《しつもん》じゃ！
光《ひかり》には質量《しつりょう》、つまり重《おも》さがないのに、なぜ重力《じゅうりょく》の影響《えいきょう》を受《う》けるのじゃろう？
うう〜ん
ほっほっほっ
どうやら難《むずか》しすぎたかのぉ。
実《じつ》は太陽《たいよう》のように質量《しつりょう》が大《おお》きい星《ほし》の周《まわ》りでは、その星《ほし》の重力《じゅうりょく》によって時空《じくう》が曲《ま》がっておるんじゃ。
光《ひかり》は空間《くうかん》をまっすぐ進《すす》んでいるけど、空間《くうかん》そのものが曲《ま》がっているから、光《ひかり》の進《すす》み方《かた》も曲《ま》がって見《み》えてしまうのよね。
だけど博士《はかせ》……その空間《くうかん》が曲《ま》がってるってことは、どうやって確《たし》かめたんだ？
そーだよ。空間《くうかん》なんて目《め》に見《み》えねーじゃんか。
そこがかんじんなとこなんじゃ。
つまり、人間《にんげん》は光《ひかり》が曲《ま》がるのを観察《かんさつ》することで、空間《くうかん》の曲《ま》がりを知《し》ることができたんじゃ。

F10-8

う〜ん、こんがらがってきたぞ〜。
ぼくも。
私《わたし》も。
実《じつ》はおれも……。
この空間《くうかん》の曲《ま》がりについて、みんなにもうひとつ話《はなし》をしよう。
さっきと同《おな》じ図《ず》を使《つか》って、今度《こんど》は太陽《たいよう》と地球《ちきゅう》の関係《かんけい》を表《あらわ》してみるぞ。
太陽《たいよう》
アインシュタイン流《りゅう》に重力《じゅうりょく》の説明《せつめい》をすると、太陽《たいよう》と地球《ちきゅう》の関係《かんけい》はこんなふうになっておる。
太陽《たいよう》
地球《ちきゅう》
つまり地球《ちきゅう》は、太陽《たいよう》の周《まわ》りの空間《くうかん》のくぼみに沿《そ》って運動《うんどう》しておるわけじゃな。
この話《はなし》はなんとなく分《わ》かったわ。
おれも！

F10-9

ところで、みんなは宇宙《うちゅう》にブラックホールというものがあることを知《し》っておるかの？
ブラックホール？
それ知《し》ってます！なんでも吸《す》いこんでしまう、まっ黒《くろ》な星《ほし》ですよね？
まぁ光《ひか》らないから「星《ほし》」とは呼《よ》べんかもしれんがのぉ。
そのブラックホールってなんで光《ひか》らないの？
あまりにもすさまじい重力《じゅうりょく》で周《まわ》りの星《ほし》はもちろん、光《ひかり》さえも吸《す》いこんでしまうからじゃ。
ゴォ
オオ
すげー！怪獣《かいじゅう》みたいだな。
なんかコワーい。
不思議《ふしぎ》なことにこのブラックホールの近《ちか》くでは時間《じかん》の進《すす》み方《かた》が非常《ひじょう》におそくなるのじゃ。

F10-10

時空《じくう》の曲《ま》がり方《かた》が強《つよ》ければ強《つよ》いほど、時間《じかん》の進《すす》み方《かた》もゆっくりになる……。
ピタ
そして、おどろくべきことにブラックホールのふちまで行《い》くと、時間《じかん》は止《と》まってしまうのじゃ。
へ～。
このように宇宙《うちゅう》ではとてつもない事件《じけん》が起《お》きておるが、
科学者《かがくしゃ》たちは、その謎《なぞ》を解《と》き明《あ》かそうと研究《けんきゅう》を続《つづ》けておる。
例《たと》えばブラックホール自体《じたい》を目《め》で見《み》ることはできないが、周辺《しゅうへん》を特《とく》しゅな装置《そうち》で観測《かんそく》することで「ある」ということが分《わ》かるようになったんじゃ。
つまり、科学《かがく》は宇宙《うちゅう》の謎《なぞ》を解《と》き明《あ》かすために必要《ひつよう》な捜査《そうさ》方法《ほうほう》……。
その科学《かがく》の発展《はってん》に大《おお》きな貢献《こうけん》をしたアインシュタイン博士《はかせ》は――
シャーロック・ホームズにも負《ま》けない名探偵《めいたんてい》と言《い》えるじゃろう。

F10-11

それにしても、アインシュタイン博士《はかせ》の重力《じゅうりょく》の話《はなし》はとっても壮大《そうだい》ですねぇ。
ああ。なんだかワクワクしちまうよな。
ぽりぽり
そーかぁ？おれにはちっとも分《わ》からなかったぞ。
私《わたし》も半分《はんぶん》くらいしか……。
でもひとつだけ、はっきり分《わ》かったことがあるわ！
こーんなヘンなことばかり考《かんが》えてたなんて、アインシュタイン博士《はかせ》ってやっぱりこの写真通《しゃしんどお》り変《か》わった人《ひと》だったのよ！
歩美《あゆみ》ちゃんにかかっては、天才物理学者《てんさいぶつりがくしゃ》もカタナシじゃのう。
はっはっ はっは

F10-12

キミも実験《じっけん》!

太陽《たいよう》と地球《ちきゅう》の不思議《ふしぎ》な関係《かんけい》

地球《ちきゅう》はなぜ、太陽《たいよう》の重力《じゅうりょく》に引《ひ》き寄《よ》せられてしまわないのだろう?

用意《ようい》するもの

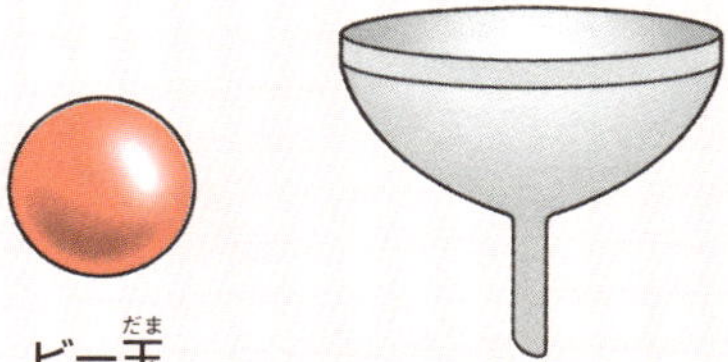

ビー玉《だま》

じょうご

①ビー玉《だま》が円運動《えんうんどう》をしていないと?

じょうごの広《ひろ》い口《くち》を上《うえ》へ向《む》けると、せまい口《くち》を「太《たい》陽《よう》」、傾斜《けいしゃ》を「太陽《たいよう》の重力《じゅうりょく》」、ビー玉《だま》を「地球《ちきゅう》」と見《み》ることができる。まずはビー玉《だま》を真《ま》っ直《す》ぐ落《お》としてみよう。

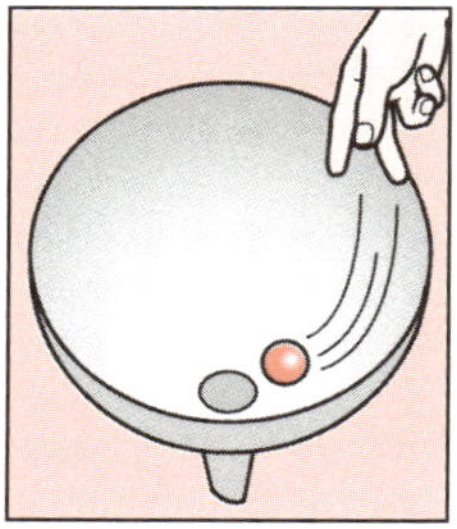

②ビー玉《だま》に円運動《えんうんどう》をさせてみよう

円運動《えんうんどう》をしていないビー玉《だま》は、すぐにじょうごのせまい口《くち》に落《お》ちてしまったはずだ。今度《こんど》は傾斜《けいしゃ》のふちに沿《そ》って、ビー玉《だま》に円運動《えんうんどう》をさせてみよう。

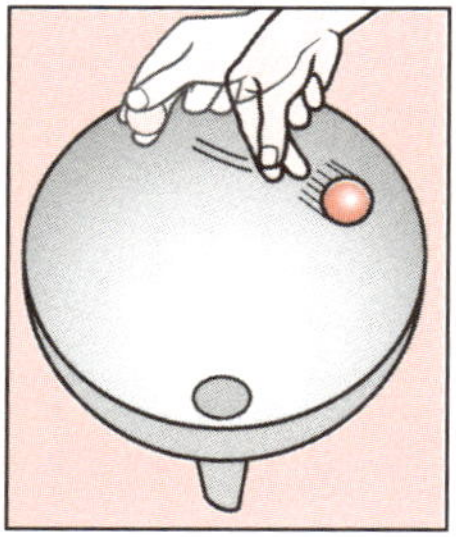

③円運動《えんうんどう》をするとなかなか落《お》ちない

円運動《えんうんどう》するビー玉《だま》は重力《じゅうりょく》と遠心力《えんしんりょく》のバランスが取《と》れているので、なかなか下《した》に落《お》ちない。地球《ちきゅう》が太陽《たいよう》との距離《きょり》を保《たも》ちながら回転《かいてん》しているのも同《おな》じ仕組《しく》みだよ。

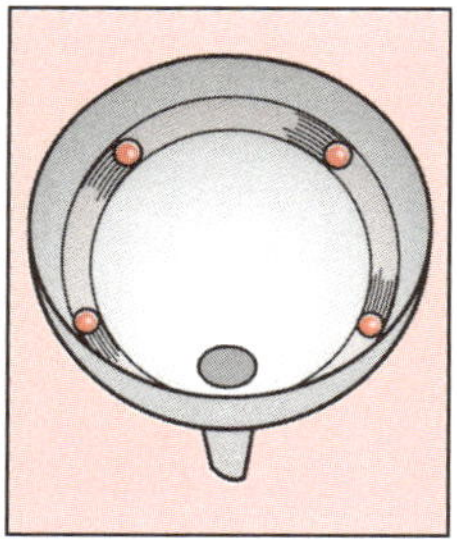

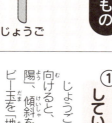

コナンに挑戦《ちょうせん》！

76ページの答《こた》え

質問《しつもん》では「どちらの時間《じかん》が短《みじか》くなるか？」とたずねたけど、じつは「両方《りょうほう》とも同《おな》じ」が正《せい》解《かい》だ。ちょっとイジワルな質問《しつもん》だったかな？
振《ふ》り子《こ》の長《なが》さが同《おな》じであれば、重《おも》りの重《おも》さやゆらす角度《かくど》に関係《かんけい》なく、一往復《いちおうふく》する時間《じかん》は同《おな》じになる。これが「振《ふ》り子《こ》の等時性《とうじせい》」だ。でも、あまり角度《かくど》を大《おお》きくすると、誤差《ごさ》が大《おお》きくなって等時性《とうじせい》が成《な》り立《た》たなくなってしまう点《てん》に注意《ちゅうい》しよう。

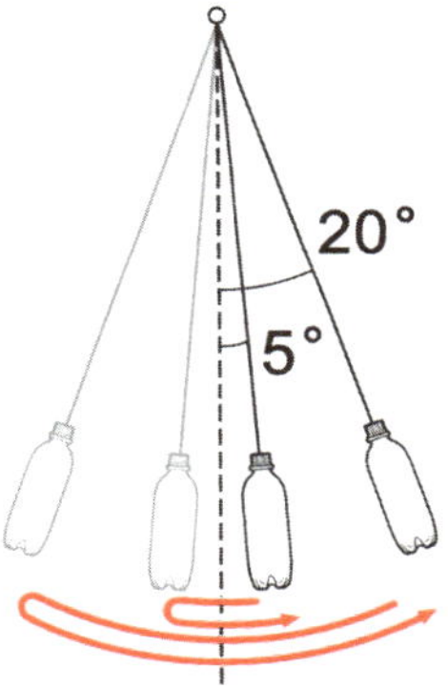

どちらも時間《じかん》は同《おな》じ！

振《ふ》り子《こ》の等時性《とうじせい》を発見《はっけん》したのは？

振《ふ》り子《こ》の等時性《とうじせい》を発見《はっけん》したのは、1564年《ねん》に生《う》まれたイタリアの科学者《かがくしゃ》ガリレオ・ガリレイ。ガリレオは、教会《きょうかい》の天井《てんじょう》からぶら下《さ》がっているランプが、大《おお》きくゆれても小《ちい》さくゆれても同《おな》じリズムで一往復《いちおうふく》することに気《き》づき、その時間《じかん》を自《じ》分《ぶん》の脈《みゃく》はくで計《はか》り、これを発見《はっけん》したと伝《つた》えられている。
でも、科学《かがく》には正確《せいかく》な観《かん》察《さつ》が必要《ひつよう》なのに、人間《にんげん》の脈《みゃく》はくでは時間《じかん》を正確《せいかく》に計《はか》ることができない（もちろん、今《いま》みたいな時計《とけい》はなかった）。だからガリレオも、脈《みゃく》はくではなく実際《じっさい》は、木《き》のたるに開《あ》けた小《ちい》さな穴《あな》から出《で》てくる水《みず》をため、その重《おも》さを測《はか》ったそうなんだ。
つまり、小《ちい》さな角度《かくど》でゆらした振《ふ》り子《こ》が50回往復《かいおうふく》する間《あいだ》にたまった水《みず》と、大《おお》きな角度《かくど》の振《ふ》り子《こ》が50回往復《かいおうふく》する間《あいだ》にたまった水《みず》の重《おも》さが同《おな》じなら、2つの振《ふ》り子《こ》が往復《おうふく》するのに必要《ひつよう》な時間《じかん》はまったく同《おな》じ、と言《い》えるわけだ。
こうして正確《せいかく》な観察《かんさつ》をしたからこそ、角度《かくど》が大《おお》きくなると等時性《とうじせい》が成《な》り立《た》たなくなってしまう、ということにもガリレオは気《き》づくことができたんだね。

宇宙《うちゅう》には可能性《かのうせい》がいっぱい

宇宙航空研究開発機構《うちゅうこうくうけんきゅうかいはつきこう》（JAXA《ジャクサ》）の宇宙飛行士《うちゅうひこうし》、野口聡一《のぐちそういち》さんが
みんなにメッセージを寄《よ》せてくれたよ!!

©NASA

野口聡一《のぐちそういち》さん
1996年《ねん》にNASDA《ナスダ》（現JAXA《げんジャクサ》）がぼ集《しゅう》していた宇宙飛行士候補者《うちゅうひこうしこうほしゃ》に選《えら》ばれ、1998年《ねん》、NASA《ナサ》よりミッションスペシャリスト（MS《エムエス》）として認定《にんてい》された宇宙飛行士《うちゅうひこうし》。

みなさん、こんにちは。宇宙飛行士《うちゅうひこうし》の一人《ひとり》として、みなさんが宇宙《うちゅう》や重力《じゅうりょく》の不思議《ふしぎ》に対《たい》して興味《きょうみ》を持《も》ってこの本《ほん》を読《よ》んでくれたことに、まず感謝《かんしゃ》します。

私《わたし》が初《はじ》めて宇宙《うちゅう》に興味《きょうみ》を持《も》ったのは、みなさんと同《おな》じ小学生《しょうがくせい》のころでした。松本零士《まつもとれいじ》さんの『宇宙戦艦《うちゅうせんかん》ヤマト』というアニメを観《み》たりして、宇宙《うちゅう》ってどんなところなんだろう、と思《おも》ったのがきっかけです。

でも、小学生《しょうがくせい》のころから、宇宙飛行士《うちゅうひこうし》になることを目指《めざ》して特別《とくべつ》なことをしてきたわけではありません。例《たと》えばプロのサッカー選手《せんしゅ》を目指《めざ》すのなら、少年《しょうねん》サッカーのクラブに入《はい》ったりしますよね。でも、宇宙飛行士《うちゅうひこうし》になるための方法《ほうほう》を教《おし》えてくれる塾《じゅく》や教室《きょうしつ》はありませんし、そもそも宇宙飛行士《うちゅうひこうし》になるために特別《とくべつ》な準備《じゅんび》をするとか、長《なが》い年月《ねんげつ》をかける必要《ひつよう》はないんです。

将来《しょうらい》は宇宙飛行士《うちゅうひこうし》になりたいという人《ひと》のために、小学生《しょうがくせい》の時《とき》からできることをアドバイスすると……例《たと》え

←スペースシャトルによる「STS《エスティーエス》-114ミッション」のクルーに任命《にんめい》され、訓練中《くんれんちゅう》の野口《のぐち》さん（2005年《ねん》2月《がつ》24日《か》撮影《さつえい》）。
©NASA

ば健康《けんこう》な体《からだ》を作《つく》ること、友《とも》だちとチームワークを発揮《はっき》して作業《さぎょう》できるようになること……つまり、ちゃんとした社会人《しゃかいじん》になるための努力《どりょく》をしていれば、宇宙飛行士《うちゅうひこうし》になれる可能性《かのうせい》はだれにでもあると思《おも》うんです。

私《わたし》にとっての「宇宙《うちゅう》」とは、「いろいろな可《か》能性《のうせい》を持《も》った場所《ばしょ》」と言《い》えるでしょう。例《たと》えば人間《にんげん》が飛行機《ひこうき》に乗《の》って空《そら》を飛《と》び、気軽《きがる》によその国《くに》へ行《ゆ》くようなことは、100年《ねん》ちょっと前《まえ》までは考《かんが》えられなかったことでした。それと同《おな》じように、今度《こんど》は宇宙《うちゅう》という場《ば》を利用《りよう》して、新《あたら》しい生活《せいかつ》や可能性《かのうせい》が広《ひろ》がっていくのではないか……私《わたし》たち今《いま》の宇宙飛行士《うちゅうひこうし》は、その第一歩《だいいっぽ》となる仕事《しごと》をしているんだと思《おも》います。今回《こんかい》のコナンの物語《ものがたり》のように、日本人《にっぽんじん》が宇宙旅行《うちゅうりょこう》へ出《で》かける時代《じだい》も、きっと遠《とお》いことではないでしょう。

ところで、この本《ほん》を読《よ》み終《お》えたみなさんには、ぜひ、この物語《ものがたり》に出《で》てくる登場人《とうじょうじん》物《ぶつ》の中《なか》で、だれになりたいか、ということを考《かんが》えてみてほしいんです。やっぱり、コナンになりたい、という人《ひと》が一番多《いちばんおお》いんでしょうね（笑《わらい》）。でも、宇宙船《うちゅうせん》の乗客《じょうきゃく》になって宇宙旅行《うちゅうりょこう》にでかけてみたい、という人《ひと》や、将来《しょうらい》の夢《ゆめ》は阿笠博士《あがさはかせ》のような発明家《はつめいか》、という人《ひと》もきっといるでしょう。

そして、もしあなたが若《わか》井《い》さんや向山《むかいやま》さんのような宇宙飛行士《うちゅうひこうし》になりたいと思《おも》ったのであれば、ぜひ宇宙《うちゅう》への興味《きょうみ》を持《も》ち続《つづ》けてください。将来《しょうらい》、あなたがおとなになった時《とき》、私《わたし》たちと一緒《いっしょ》に宇宙《うちゅう》で仕事《しごと》をしてくれることを心《こころ》から楽《たの》しみにしています。

筑波宇宙《つくばうちゅう》センターへ行《い》こう

茨城県《いばらきけん》の筑波研究学園都市《つくばけんきゅうがくえんとし》にある、宇宙航空研究開発機構《うちゅうこうくうけんきゅうかいはつきこう》（JAXA《ジャクサ》）の「筑波宇宙《つくばうちゅう》センター」では、毎日《まいにち》「ツアー見学《けんがく》」を行《おこな》っているよ！

筑波宇宙《つくばうちゅう》センター
●茨城県《いばらきけん》つくば市千《しせん》現《げん》2-1-1

茨《いばら》城県《きけん》にあるJAXA《ジャクサ》の「筑波宇宙《つくばうちゅう》センター」では、宇宙開発《うちゅうかいはつ》に欠《か》かせない、いろいろな技術《ぎじゅつ》の研究《けんきゅう》や、宇宙飛行士《うちゅうひこうし》の養成《ようせい》などが行《おこな》われている。そんなすばらしい施設《しせつ》を、係《かかり》の人《ひと》に案内《あんない》してもらいながら見学《けんがく》できる「ツアー見学《けんがく》」が、毎日開催《まいにちかいさい》されているよ。ツアーに参加《さんか》してみたいという人《ひと》は、このページの下《した》の「筑波宇宙《つくばうちゅう》センター【ツアー見学《けんがく》】」という記事《きじ》をおとなの人《ひと》に読《よ》んでもらって、あらかじめ電話《でんわ》で予約《よやく》をしておこう。

予約《よやく》した日時《にちじ》に「筑波宇《つくばう》宙《ちゅう》センター」へ行《い》くと、まず視聴覚室《しちょうかくしつ》に案内《あんない》されて、映像《えいぞう》を見《み》ながら施設《しせつ》の説明《せつめい》を受《う》ける。そして次《つぎ》に案内《あんない》されるのが、展示室《てんじしつ》だ。

この展示室《てんじしつ》では、JA《ジャ》XA《クサ》が開発《かいはつ》してきたいろいろなロケットの縮尺《しゅくしゃく》モデルや、実物大《じつぶつだい》の人工衛星《じんこうえいせい》の試《し》験《けん》モデル、国際宇宙《こくさいうちゅう》ステー

©JAXA

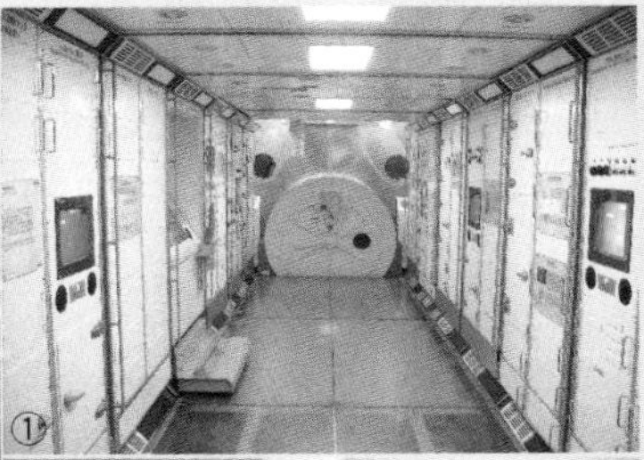

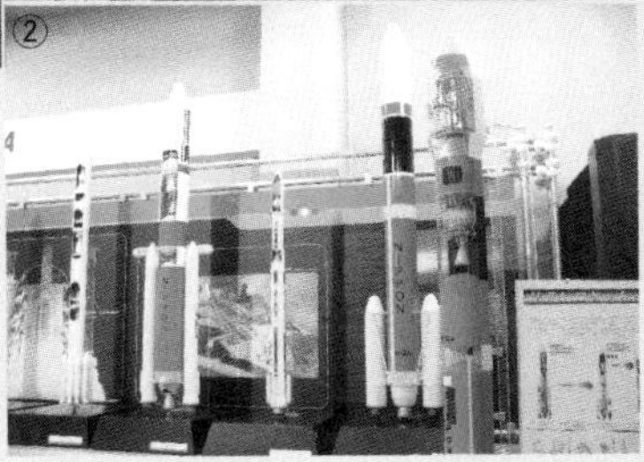

①展示室《てんじしつ》にある「きぼう」の実物大《じつぶつだい》モデル。中《なか》に入《はい》ることができるよ。
②「H-Ⅱ《エイチツー》」など、JAXA《ジャクサ》が開発《かいはつ》してきたロケットの縮尺《しゅくしゃく》モデル。
③無重量環境試験棟《むじゅうりょうかんきょうしけんとう》にある大《おお》きなプール。ここで、宇宙飛行士《うちゅうひこうし》が船外活動《せんがいかつどう》の訓練《くんれん》をするよ。

ションの縮尺模型《しゅくしゃくもけい》や、その国際宇宙《こくさいうちゅう》ステーション計画《けいかく》で日本《にっぽん》が開発《かいはつ》を担当《たんとう》している実験《じっけん》モジュール「きぼう」の実物大《じつぶつだい》モデルを見《み》ることができる。

展示室《てんじしつ》を出《で》て、次《つぎ》に向《む》かうのは、宇宙《うちゅう》ステーション試験棟《しけんとう》。この施設《しせつ》では、実《じっ》際《さい》に国際宇宙《こくさいうちゅう》ステーションに取《と》り付《つ》けられるのとまったく同《おな》じ「きぼう」の試験《しけん》モデルを使《つか》って、さまざまなテストが行《おこな》われているんだ。さらにこのあと、無重《むじゅう》量環境試験棟《りょうかんきょうしけんとう》と宇宙飛行士《うちゅうひこうし》養成棟《ようせいとう》（または、宇宙《うちゅう》ステーション運用棟《うんようとう》）を見学《けんがく》してツアーは終了《しゅうりょう》。

興味《きょうみ》のある人《ひと》は、ぜひ出《で》かけてみよう！

＊この記事に記載されているデータは、2005年6月20日時点のものです。

学習《くしゅう》まんがシリーズ

大人気《だいにんき》発売中《はつばいちゅう》！

名探偵《めいたんてい》コナン 実験《じっけん》・観察《かんさつ》ファイル サイエンスコナン

最新刊《さいしんかん》！

科学《かがく》の不思議《ふしぎ》を、コナンと一緒《いっしょ》に徹底解明《てっていかいめい》しよう！

元素《げんそ》の不思議《ふしぎ》
ISBN978-4-09-296634-5

防災《ぼうさい》の不思議《ふしぎ》
ISBN978-4-09-296635-2

宇宙《うちゅう》と重力《じゅうりょく》の不思議《ふしぎ》
ISBN4-09-296105-7

名探偵《めいたんてい》の不思議《ふしぎ》
ISBN978-4-09-296114-2

解明《かいめい》！ 身《み》のまわりの不思議《ふしぎ》
ISBN978-4-09-286166-1

忍者《にんじゃ》の不思議《ふしぎ》
ISBN4-09-296629-1

七変化《しちへんげ》する水《みず》の不思議《ふしぎ》
ISBN978-4-09-296111-1

食《た》べ物《もの》の不思議《ふしぎ》
ISBN4-09-296113-8

レンズの不思議《ふしぎ》
ISBN4-09-296104-9

磁石《じしゃく》の不思議《ふしぎ》
ISBN4-09-296103-0

楽《たの》しく読《よ》めて、
勉強《べんきょう》に役立《やくだ》つ――。

名探偵《めいたんてい》コナン

名探偵《めいたんてい》コナン 理科《りか》ファイル

教科書《きょうかしょ》よりわかりやすい。
学校《がっこう》で習《なら》う理科《りか》が
もっと大好《だいす》きになる！

太陽《たいよう》と月《つき》の秘密《ひみつ》
ISBN978-4-09-296187-6

星《ほし》と星座《せいざ》の秘密《ひみつ》
ISBN978-4-09-296184-5

ものと燃焼《ねんしょう》の秘密《ひみつ》
ISBN978-4-09-296190-6

天気《てんき》の秘密《ひみつ》
ISBN978-4-09-296183-8

動物《どうぶつ》の秘密《ひみつ》
ISBN978-4-09-296186-9

植物《しょくぶつ》の秘密《ひみつ》
ISBN978-4-09-296181-4

昆虫《こんちゅう》の秘密《ひみつ》
ISBN978-4-09-296182-1

デジカメで自由研究《じゆうけんきゅう》!
ISBN978-4-09-296185-2

空気《くうき》と水《みず》の秘密《ひみつ》
ISBN978-4-09-296191-3

力《ちから》と動《うご》きの秘密《ひみつ》
ISBN978-4-09-296189-0

人《ひと》のからだの秘密《ひみつ》
ISBN978-4-09-296188-3

staff

■原作／青山剛昌
■監修／ガリレオ工房
■まんが／金井正幸
■構成／松下英之
■実験イラスト／加藤貴夫
■ＤＴＰ／江戸製版印刷株式会社
■デザイン／竹歳明弘（パイン）
■編集協力／新村徳之（DAN）

■編集／藤田健彦

◎取材協力／JAXA（宇宙航空研究開発機構）

小学館学習まんがシリーズ
名探偵コナン実験・観察ファイル
サイエンスコナン 宇宙と重力の不思議

2005年８月20日　初版第１刷発行
2022年３月６日　　第17刷発行

発行者　野村敦司
発行所　株式会社　小学館
〒101-8001
東京都千代田区一ツ橋2-3-1
電話　編集／03(3230)5632
販売／03(5281)3555

印刷所　図書印刷株式会社
製本所　共同製本株式会社

ISBN　4-09-296105-7　Shogakukan,Inc.

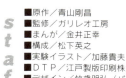